DIZAJNIMI DHE IMPLEMENTIMI I SIGURISË NË RRJETET KOMPJUTERIKE

Msc. Blerton Abazi

Copyright © 2016 Blerton Abazi

All rights reserved.

ISBN:153735843X
ISBN-13:9781537358437

CONTENTS

Table of Contents

Konceptet e rrjetave kompjuterike 3
    Modelet e rrjetave kompjuterike 5
Tipet e rrjetave kompjuterike 7
    Rrjeti LAN 8
    Rrjeti WLAN 8
    WAN – Wide Area Netëork 10
    MAN – Metropolitan Area Netëork (Rrjeta i zonave Metropolitane).11
OSI Modeli 12
Integriteti 20
    Caku dhe Sulmi 26
    Mashtrimit përmes telefonit 27
    Inxhinjeria Sociale Online 27
Trendet e Sigurisë dhe Rreziqet 28
    Dobësitë në Infrastrukturat e Rrjetit 29
Algoritmet dhe Protokollet në Rrjetet Kompjuterike 30
    Si funksionin ecja (routing) e paketave 30
    Protokolet e Rutuara *(Routed Protocol)* 31
Protokolet e Rutimit (Routing Protocols) 32
    Routing Information Protocol (RIP) 32
    Formati i Tabelës së Rutimit 33
    Interior Gateway Routing Protocol (IGRP) 37
    Rutimi përkrah Komutimit (Routing vs Switching) 39
    Kontrolli i qasjes 39

Modelet e Kontrollit të qasjes 42

Identifikimi dhe aplikimi i praktikave më të mira për metodat e kontrollit të qasjes 45

    Mbikqyrja përmes videos 53

Kriptografia 54

    Kriptografia dhe siguria 56

    Algoritmet në kriptografi 58

    Pasqyrimi i Mesazhit (*Message Digest MD*) 62

    Algortimet e kriptografisë asimetrike 67

Menaxhimi i Rrjetit dhe i Sigurisë 69

Zbatimi i procedurave të rregullmit në rast të fatkeqësive 72

Implementim Praktike i një rrjeti kompjuterik përfshirë dhe sigurinë ... 74

Kërkesat e përdoruesit 74

    Informata të përgjithshme: 74

    Shërbimet e emailave dhe Shërbimi I Emarave të Domenit (*Domain Name Service)*: 76

    Serveri Administrativ: 77

    Serveri I biblotekës: 77

    Adresimi dhe Menaxhimi I Rrjetit: 77

    Siguria: 77

    Lidhja e Internetit: 78

    Dizajni logjik rrjetit LAN 78

    Dokumenti I dizajnimit fizik 79

    Detalet e dhomave MDF/IDF 79

    Kabëll Fibër 79

    Quantiteti dhe tipi I kabllove 80

Skema e IP Adresimit 80

Detalet e Subnetimit 80
Rrjeti Administrativ 80
Rrjeti I Studentëve 81
Karakteristikat positive dhe negative 82
Objektivat e mësuara 83
Listat e Kontrollit të Qasjes (*Access Control Lists*) 83
Është e nrëndësishmë të theksohet se Listat e Kontrollit të Qasjes brenda kampusi nuk ndikojnë në rrjetin e përgjithshëm apo edhe në internet. 83
Implementimi I Listave të Kontrollit të Qasjes në Ruter 83
Efekti I ACL në rrjetin e kampusit 84
Qëllimi I ACL 84
Objektivat e mësimit 85
EIGRP 85
Rrjetet që do të funksionojnë brenda kampusit 85
Komanda për konfigurimin e Protokolit EIGRP është si në vijim 86
IPX 86
Ndikimet e trafikut IPX në rrjetin LAN dhe WAN 86
Redundanca 87
Lidhja Rezervë 87
Konfigurimi I protokolit PPP 87
Objektivat e Mësimit 88
Konfigurimi i ISDN 88
Konluzionet 89

Konceptet e rrjetave kompjuterike

Ideja e përgjithshme e zhvillimit të komunikimit qëndron në atë se duhet të ekzistojnë së pagu 3 elemente për të realizuar komunikimin. Së pari duhet të kemi 2 entitete të njohura në gjuhën e teknologjisë informative si Dërguesi dhe Pranuesi. Këto dy entitete më pastaj duhet të kenë diqka për të ndarë njëra me tjetrën që në këtë rast është informata (e dhëna "Data"). Për të realizuar këta "transaksion" neve do të na duhet edhe rruga nëpër të cilën do të kaloj informacioni që ndryshe quhet edhe si medium transmetues (transmision medium), dhe krejt në fund këto të gjitha duhet të pajtohen për përdorimin e rregullave të përgjithshme të komunikimit në bëze të protokoleve që do të përdorën në varësi të tipit të informacionit. Këto 3 elemente aplikohen nëpër të gjitha kategoritë dhe strukturat e rrjetit pa marrë paraysh madhësinë e tyre.

Zhvillimi i rrjeteve kompjuterike është aq komplekse sa që për gjatë 40 viteve të fundit ka përfshirë shumë njerëz nga i gjithë globi.

Në tabelën e mëposhtme 1.1 paraqesim një pasqyrë të thjeshtë se si ka evoluar interneti.

Periudha Kohore	Zhvillimi
1940	Pajisjete mëdha elektromekanike
1947	Zbulimi i tranzistorëve gjysëmpërques të hapurme mundësine zvogëlimit të tyre, dheme kompjuterë më të besueshëm
1950	Është zbuluar qarkuI integruar. Ishte kombinimI disa tranzistorëve por që më vonë shkoi dëri në kombinimin e miliona tranzistorëve në një pjesë të vogel gjusëmpërquese.
1960	Filluan të përdorën shume qarqete integruara si dhe kompjuterëtMainframe me terminal.
1960 - 1970	U zbuluan kompjuterëte vegjël të quajtur minikompjuter
1977	KompaniaApple Computer paraqitet mikrokompjuterin
1981	IBM prezantori kompjuterine vet të parë
Mes- 1980	Shfrytëzuesite kompjuterëve filluan të ndajnë të dhënate tyre përmes përdorimit të modemëve të lidhur me kompjuterin tjetër. Ky komunikim është quajtur point-to-point apo edheDial-Up

Figura 1 Evoluimi i Internetit

Teknologjia e ndër-rrjetizimit (Internetëorking) të mundëson që tëknologji të ndryshme hardëerike dhe softëerike të punuar nga sisteme të ndryshme të punës ti ndërlidhim nga rrjete të ndryshme heterogjene në një rrjetë të vetëm për komunikim më të mirë.

Rreth viteve të 90-ta është parë një zgjerim i madh i qasjeve publike dhe komunikimit të orientuar në rrjeta e cila kishte aftësinë të lidh gjithë botën në një rrjete të vetëm. Teknologjia ekzistuese e rrjeteve tanimë ka përfshirë mekanizmat e ndryshëm ushtarak, institucionet akademike, hulumtuese, institucione shtetërore si nj mjet esencial dhe i rendësishëm për secilin.

Arkitektura e rrjeteve publike respektivisht Interneti është një gjë shumë komplekse dhe e sofistikuar[1]. Aplikacione të ndryshme në ditët e sotme zhvillohen dhe punohen përmes internetit siç janë:

- Shfletuesit e faqeve
- Tranferimi I fajllave
- Email
- Qasja nga larg (Remote access)
- Multimedia
- Telefonia
- Shërbimet e sigurisë

Organizatat siç janë IETF, IEEE dhe të tjera në vazhdimsi angazhohen për të rritur efikasitetin e këtyre komponenteve të rrjeteve publike.

Modelet e rrjetave kompjuterike

Në fushën e rrjeteve kompjuterike ekzistojnë modele të ndryshme të konfigurimit për të formuar një rrjet kompjuterik. Modelet me të dalluara janë ato të **centralizuara** dhe të **distribuara.** Në modelin e centralizuar, pajisjet janë të ndërlidhuara njëra me tjetrën dhe mund të komunikojnë ndërmjet veti. Në këtë model, ekziston vetëm një kompjuter qendror, i cili në shumicën e rasteve quhet "**Master**" përmes të cilit cdo komunikim duhet të kalojë. Kompjuterët e tjerë të varur në rrjetë mund ti kenë të reduktuar resurset lokale, siç janë memoria dhe resurse tjera të ndara përshkak se i gjithë sistemi është i kontrolluar nga kompjuteri qendror "**Master**".

Modeli i distribuuar nënkupton se të gjithë kompjuterët janë të ndërlidhur njëri më tjetrin duke i bashkuar resurset dhe elementet si dhe kanalin komunikues. Kompjuterët mund të kenë resurset lokale, por gjithashtu mund të kërkojnë nga kompjutrët e tjerë në rrjet. Kompjuteri i cila ka resurse të cilat i kërkon një kompjuter tjetër quhet **Server**. Komunikimi dhe ndarja e resurseve në modelet e distribuara nuk kontrollohet nga një kompjuter qendror por rregullohet ndërmjet dy elementeve komunikuese në rrjet. Meposhte po ju paraqesim përmes figures dy modelet e komunikimit.

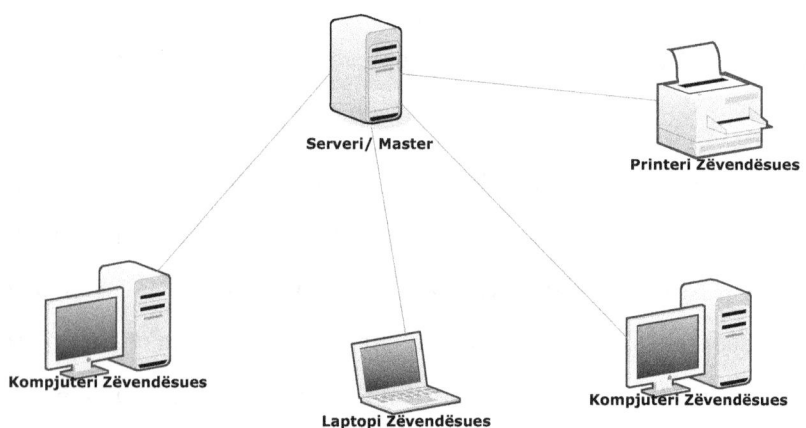

Figura 2 Model i Rrjetit të Centralizuar

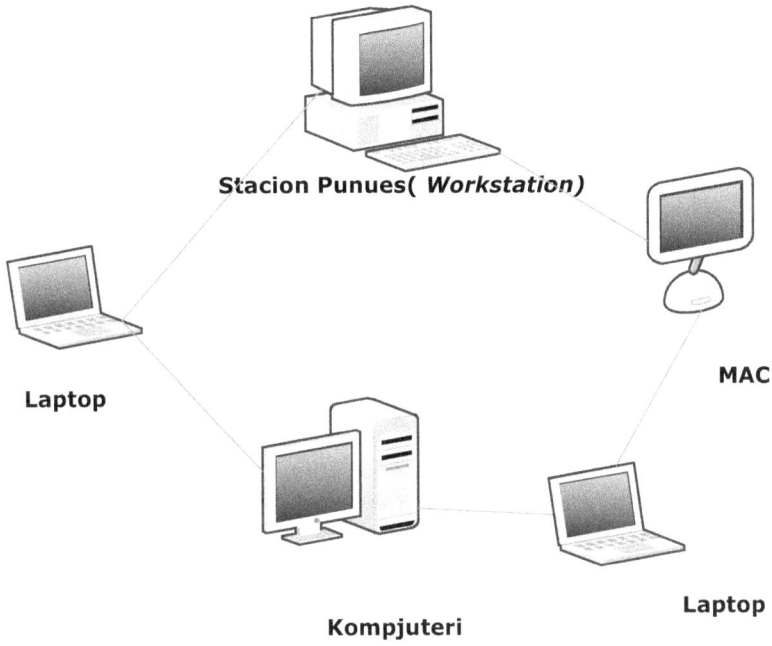

Figura 3 Model i Rrjetit të Shpërndarë

Tipet e rrjetave kompjuterike

Në praktikë ekzistojnë disa lloje të rrjetave kompjuterike, të cilat dallohen për nga qëllimi i shfrytëzimit si dhe madhësia e tyre. Në të kaluarën, tipeve të rrjeteve kompjuterike ju kanë referuar përmes termit zonë e rrjetit (**area network**).

Rrjetet me të përdorura kompjuterike janë:

- LAN – Local Area Netëork (Rrjet i zonave lokale)
- WLAN – Ëireless Area Netëork (Rrjeti pa tela i zonave lokale)
- WAN – Ëide Area Netëork (Rrjet i zonave më të zgjeruara)

- MAN – Metropolitan Area Netëork (Rrjeta i zonave Metropolitane)

Rrjeti LAN

Një rrjet kompjuterike me dy ose më shumë kompjuterë të lidhur për të komunikuar ndërmjet veti në hapësira të vogla gjeografike, siç janë një ndërtëse, disa kate të një ndërtese quhet Rrjet i zonave lokale (**Local Area Network**). Përparësi e rrjetit LAN është se të gjitha elementet e rrjetit janë afër njëra tjetrës kështu që lidhjet e komunikimit ndërtojnë një shpejtësi më të madhe për transmetimin e të dhënave.[1] Gjithashtu, edhe afërsia e elementeve të komunikimit mund të shfrytëzohet për të ofruar shërbime më të mira si dhe besueshmëri më të lartë. Në figurën e mëposhtme po ju paraqesim një model te rrjetit LAN

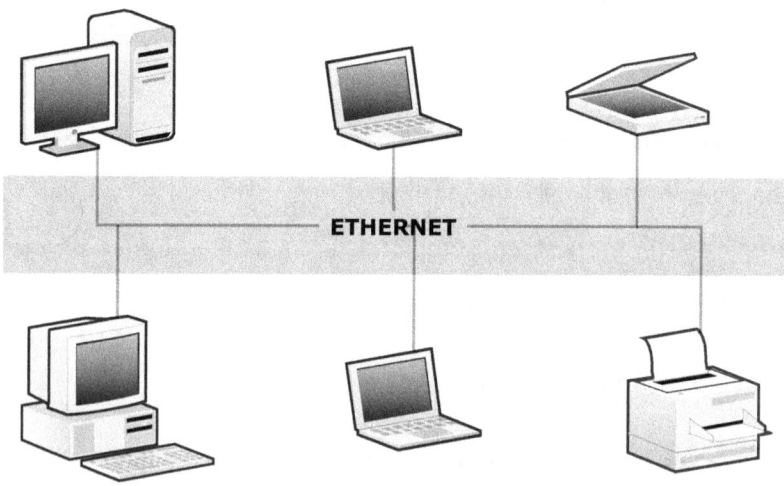

Figura 4 Rrjet i tipit LAN

Rrjeti WLAN

Një rrjet i zonave lokale pa tela, është komunikimi më fleksibil dhe më i

lehte i cili implementohet si një alternative e rrjetit përmes kablove brenda një ndëtese ose objekti. Këto rrjete transmetimin dhe pranimin e të dhënave e realizojnë duke shfrytëzuar valët elektromagnetike dhe në këtë mënyre e shmangin nevojën e përdorimit të kabllove. Rrjete ËLAN konsiderohen si rrjete që kombinojnë lidhjen e të dhëave më levizshmërinë që gjithashtu krijojnë edhe rrjete mobile. Në 5 vitet e fundit është vërejtur një rritje e popullaritetit të përdorimit të këtyre rrjeteve në ndërmarrje të ndryshme, fabrika si dhe në institucione të ndryshme akademike, të cilat kanë përfituar nga shfrytëzimi i aplikacioneve në kontrollë nga distanca siç janë: telefonat e menqur, laptopët përmes të cilae mund të transmetosh informacione në kohë reale. Përveq rrjeteve kompjuterike, në komunikimin pa tela hyn edhe bluetoth dhe infrared.

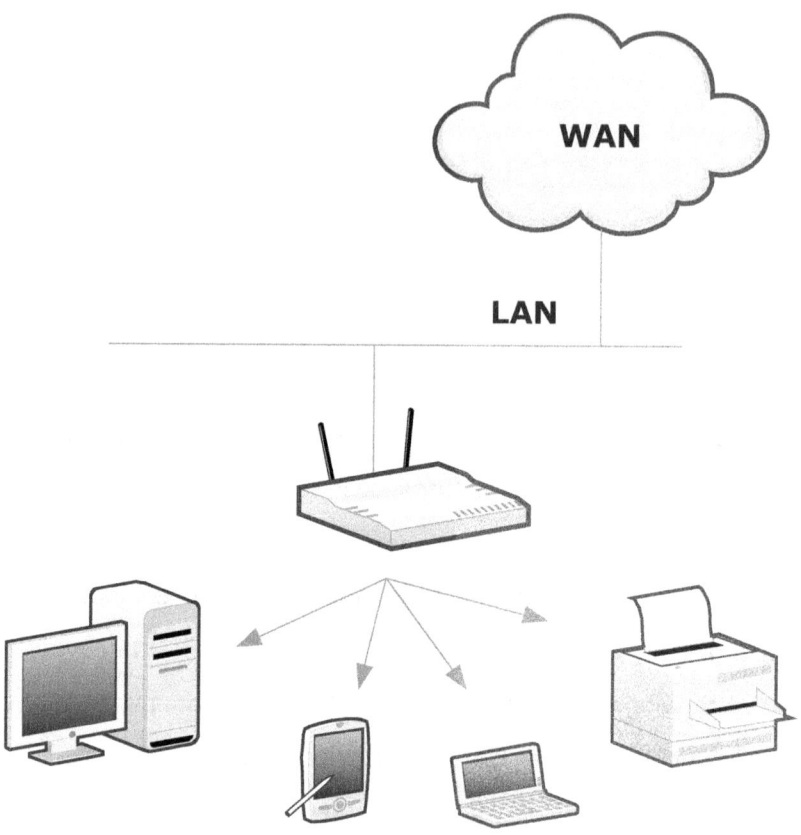

Figura 5 Rrjet i Tipi WLAN

WAN - Wide Area Netëork

Rrjeti për zona më të zgjeruara nënkupton rrjetet të cilat mbulojnë një hapësirë të madhe gjeografike, dhe përdorin komunikimin me qelija për tu lidhur me nyjet tjera të rrjetit. Faktori kryesor që ndikon në dizajnimin dhe prformancën e rrjeteve WAN është kërkesa për komunikim ndërmjet qelive nga kompanitë telefonike ose ofrues të tjerë. Shpejtësitë e komunikimit në këtë model të rrjeit janë 2Mbps, 34Mbps, 45Mbps, 155Mbps, 625Mbps ose nganjëherë dhe më shumë.

Rrjetin WAN gjithashtu konsiderohet si nje rrjet i madh i

telekomunikimit i cili në vete përmban një grup të rrjeteve lokale LAN dhe rrjeteve të tjera. Llogaritet se rrjetet WAN përdoren për të ndërlidhur qytetet dhe shtetet[2].

Shumë rrjete WAN janë të ndërtuara për një organizatë të vetme dhe janë private. Të tjerat janë të ndërtuara nga Ofruesit e Shërbimeve të Internetit (ISP),

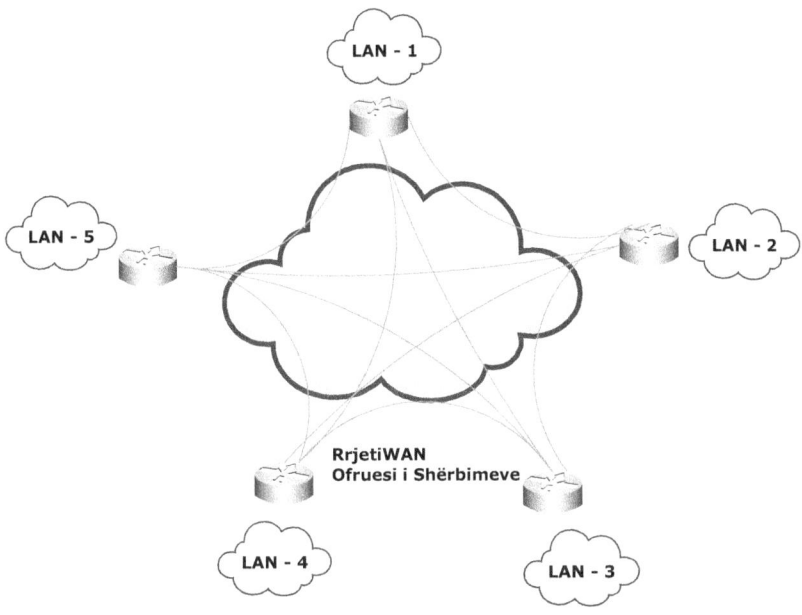

Figura 6 Rrjet i tipit WAN

MAN – Metropolitan Area Netëork (Rrjeta i zonave Metropolitane)

Një rrjet MAN konsiderohet si një ISP në veti roli i të cilit është për ti konektuar së bashku disa LAN të një korporate me shumë ndërtesa larg njëra tjetrës.

Janë disa faktorë që e dallojnë rrjetin MAN nga LAN dhe WAN si psh:

- Madhësia e rrjetit është ndërmjet rrjetit LAN dhe WAN. Një rrjet MAN mbulon një zonë ndërmjet 5 deri ne 50km diamtër. Në bazë të emrit këto rrjete zakonisht mbulojnë qytetet ose një grup të ndërtesave.
- Një rrjet MAN në përgjithësi nuk kontrollohet nga një organizatë e vetme. Rrjet MAN dhe lidhjet e veta komunikuese si dhe pajisjet në përdorim zakonisht janë pronë e një konsorciumi apo edhe e një ofruese të shërbimeve të rrjetit i cili i shet ato shërbime për shfrytëzuesit.

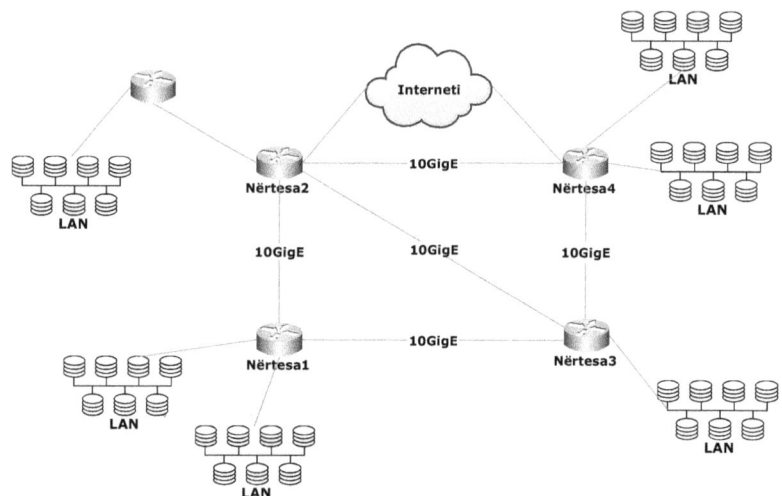

Figura 7 Rrjet i Tipi MAN

OSI Modeli

Modeli OSI (Open System Interconnection) është një model 7 shtresor i cili është zhvilluar nga **Organizata Ndërkombëtare për Standarde (ISO)** në kohën kur i gjithë komunikimi ndërmjet protokolëve ka qenë pothuajse i pamundur. Zhvillimi i rrjeteve ka shkuar shumë larg dhe është avancuar mirëpo, modeli OSI ka mbetur ende si përcaktues i rregullave për të bërë të mundur komunikimin.

Qëllimi i modelit OSI ka qenë që të ju mundësojë qfarëdo pajisje apo sistemi me të cilin do protokoll të komunikoj me pajisjen tjetër e cila përdor protokollin e vet. Kjo ka berë të mundur që të largohen detyrimet për shfrytëzuesit që të përdorin protokollin, softuerin dhe sistemin e caktuar[2].

Përmes kësaj mënyre të komunikimit është tentuar që funksionet e caktuara të komunikimit të grupohen në shtresa logjike, ku njëra shtresa i ndihmon shtresës tjetër dhe kështu me radhë.

Modeli OSI përmban 7 shtresa të cilat janë:

- Application
- Presentation
- Session
- Transport
- Network
- Data Link
- Physical

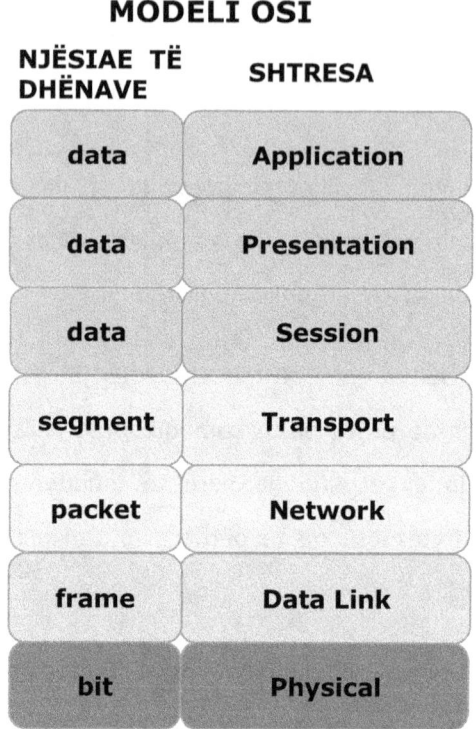

Figura 8 Modeli OSI

Ato kanë nga një grupe të detyrave dhe funksioneve të cilat i performojnë si në vijim.

Application

Shtresa Application e modelit OSI është shtresa më e afërt më shfrytëzuesin.Në vend të ofroj shërbime për shtresat e tjera të OSI modelit, kjo shtrese ofron shërbime në programet aplikative jashtë qëllimit dhe punës të modelit OSI.[1] Shërbimet e tij shpesh janë pjese e proceseve të aplikacionit.

Funksionet kryesore të kësaj shtrese janë:

- Identifikon dhe vendos komunikimin aplikativ
- Sinkronizon aplikacionet e dërguesit dhe pranuesit
- Ndërton lidhjen në bazë të procedurave për përmirësimin e gabimeve dhe kontrollin e integritetit të të dhënave
- Verifikon resurset e mjaftueshme për komunikimin ekzistues

Pajisjet dhe mjetet kryesore që përdoren në këtë shtresë janë:

- Shfletuesit
- Makinat kërkuese
- Programet për kontrollimin e emailave
- Programit për biseda dhe lajmet grupore
- Shërbimet e transaksioneve
- Konferencat Audio/Video
- Telnet
- SNMP

Presentation

Edhe nga emri që e ka shtresa Presentation siguron se informacioni i dërguar nga shtresa Application do të jetë e lexueshme nga shtresa Application e sistemit tjetër pranues. Kjo shtresë ofron një format të përbashkët për transmetimin e të dhënave nëpër sisteme të ndryshme, ashtu që të dhënat do të jenë të kuptueshme pa marrë parasysh mjetet e përdorura.

Shtresa Presentation përveq që rregullon formatin dhe prezantimin e të dhenave për përdoruesin aktual, gjithashtu rregullon edhe strukturën e të dhënave që përdoren nga programet e ndryshme aplikative. Kështu që, shtresa presentation negocion sintaksën e transferimit të të dhënave për shtresën Application.

Pajisjet dhe mjetet që përdorën në këtë shtresë janë:

- Enkriptimi
- ASCII
- GIF dhe JPEG

Session

Funksioni kryesor i shtresës **Session** në modelin OSI është që të kontrollojë "sesionet", të cilat janë lidhje logjike ndërmjet pajisjeve të rrjetit. Sesioni nënkupton një dialog, ose bisedë për komunikimin e të dhënave ndërmjet dy elementeve në rrjet.

Dialogu mund të ndodhë në 3 forma:

1. Simplex (një drejtimshe)
2. Half-duplex (alternativ)
3. Full-duplex (dy-drejtishmës)

Dialogu në formën **simplex** është shumë i rrallë në rrjete, përderisa dialogu Half-Duplex kërkon një marrëveshje të qartë në kontrollimin e shtresës së sesionit, përshkak së cdo fillim dhe mbarim i transmetimit duhet të monitorohet.

Shumica e rrjeteve kan transmetimin full-duplex, por shumica e dialogjeve në praktikë janë half-duplex.

Disa nga protokollet dhe ndërmjetësuesit (*Interface*) që përdoren në shtresën e Sesionit janë:

- Network File System (NFS)
- X-Windows System
- Remote Procedure Call (RPC)
- SQL
- NetBIOS Names
- AppleTalk Session Protkol (ASP)
- Digital Netëork Architecture

Transport

Shtresa e Transport ofron dërgimin e të dhënave të cilat përfshijnë shtresat e epërme përmes të cilit edhe implementohet siguria për dërgimin e besueshëm të të dhënave.

Shtresa e Transportit ofron mekanizmin për:

- Multipleksimin e aplikacioneve në shtresat e mësipërme
- Krijimi, mirëmbajtjen dhe ndërprerjen e qarqeve virtuale
- Kontrollimin e rrjedhjes së informacioneve
- Detektimin e dështimeve në transport dhe rregullimin e tyre

Pajisjet

- TCP, UDP, SPX

Network

Shtresa e tretë e modelit OSI është shtresa Netëork

- Shtresa Netëork dërgon paketet nga rrjeti burimor në rrjetin destinues

Në rrjetet e zonave më të zgjeruara dhe me një distancë më të madhe ato mund të ndahen në dy sisteme të fundit të cilat do të komunikojnë. Ndërmjet dy sistemeve të fundit të dhënat mund të kalojnë nëprmjet një serie të nyjeve të shpërndara. Këto nyje normalisht janë Ruterët.

Ruterët janë stacione të veçanta në një rrjet, të cilët marrin vendime komplekse të rutimit.

Shtresa Netëork është domeni kryesor i rutimit.

Protokolet e rutimit e zgjedhin shtegun më optimal përmes serisë së rrjeteve të ndërlidhura.

Pastaj shtresa e Rrjetit i lëviz informacionin ndër shtegjet.

Njëri nga funksionet kryesore të shtresës së Rrjetit është "caktimi i shtegut".

Caktimi i shtegut i mundëson Ruterit që të vlerësojë të gjitha shtegjet e mundshme në një destinacion dhe vendos se cilin ta përdorë.

Pasi që ruteri përcaktohen se cilin shteg ta përdorë, ai mund të procedohet në switching të paketit.

Ai e merr paketin të cilin e pranon në një interface dhe e dërgon në interfacen tjeter ose portin tjetër i cili reflekton shtegun më të mirë të paketit për në destinacion.

Pajisjet

IP, IPX, Ruterët, Protokolet e Rutimit (RIP, IGRP, OSPF, BGP etj), ARP, RARP, ICMP

Shtresa Data-Link

Shtresa e dytë e modelit OSI është Data-link. Kjo shtresë është përgjegjëse për ofrimin e besueshëm të kalimit të të dhënave nëpërmjet lidhjes fizike. Shtresa e data-link është e varur përmes

- Adresimit fizik, Bridget, Bridget Transparent, dhe switchat e shtresës së dytë
- Topologjitë e rrjeteve; CDP
- Lajmërimi i gabimeve
- Dërgimi me rregull i frejmëve
- Kontrolli i rrjedhjes
- Frame Relay, PPP, SDLC, X.25, 802.3, 802.5/Token Ring, FDDI

Në shtresën e Data-link, bitet vijnë nga shtresa fizike dhe formohen në frame, duke përdorur qfarëdo varianti të protokolleve data-link. Framet përbëhen nga fushat që përmbajnë bite.

Shtresa data-link është e nën ndarë në dy nën shtresa:

- Nën-shtresa e kontrollit të lidhjes logjike (Logical Link Control – LLC)
- Nën-shtresa e kontrollit të qasjes në medium (Media Access Control – MAC)

Shtresa Fizike

Shtresa Fizike ka të bëjë me interfacen për transmetim në medium. Në shtresën fizike, të dhënat transmetohen në medium (kablli koaksial apo fibër optik) si rrjedhë e bitave.

Pra, nga kjo e kuptojmë se shtresa fizike nuk ka të bëjë me protokollet e rrjetit, por me mediumin transmetues në rrjet[3].

Shtresa fizike definon specifikacionet, elektrike, mekanike, procedurale dhe funksionale për aktivizimin, mirëmbajtjen dhe deaktivizimin e lidhjes fizike me sistemet e fundit. Kjo shtresë vendos vlerat digjitale 1 dhe 0 në telin transmetues.

Karakteristikat që përcaktojnë në këtë shtresë fizike përfshijnë:

- Tensionin
- Kohën e tensionit të ndryshueshëm
- Normat e të dhënave fizike
- Distancat maksimale të transmetimit
- Lidhjet fizike

Pajisjet

Hubs, FDDI hardëare, Fast Ethernet, Token Ring Hardëare

Integriteti

Integriteti i te dhënave dhe siguria në rrjet, janë siguria që informacioni duhet të jetë i qasur ose të modifikohet vetëm nga personat e autorizuar. Njësitë që perdoren për të matur integritetin e të dhënavë përfshijnë edhe kontrollimin e ambientit fizik në terminalin e rrjetit dhe serverët, kufizimin të qasjes në të dhëna, si dhe mirëmbajtjes më rigoroze të praktikave për vërtetim të informacionit. Integriteti i të dhënave gjithashtu mund të jetë i kërcënuar edhe nga rreziqet ambientalistike siç janë nxehtësia, pluhuri dhe mbitensionet elektrike.

Disa nga praktikat më të mira që përcjellin mbrojtjen e integritetit të të dhënave në ambientet fizike përfshijnë: serverët të jenë të qasshëm vetëm nga administratorët e rrjetit, mbulimi dhe mbrojtja e mediumeve transmetuese (kabllot dhe konektorët) për të mos u shtypur, si dhe mbrojtjen e mediume për ruajtjen nga tensionet elektrike, shkarkimet elektrostatike si dhe magnetizimi.

Kurse sa i përket matjeve në administrimin e rrjetit për të siguruar integritetin e të dhënave përfshihen: mirëmbajtjen e niveleve të autorizimit momental për të gjithë shfrytëzuesit, dokumentimi i procedurave në administrimin e sistemit, parametrat dhe aktivitetet e ndryshme të mirëmbajtjes, si dhe krijimi i planit për riparimin në rast të fatkeqësive siç janë: nërprerjet e rrymës, dështimi i serverit si dhe sulmet nga viruset.

Figura 9 Rëndësia e Sigurisë dhe Integritetit

Ekzistojnë disa faktorë që duhet ti kemi parasysh kur kemi te bëjmë me ruajtjen e integritetit të rrjetit: disponueshmëria, siguria, bandëith dhe kontrolli. Gatishmëria e rrjetit nënkupton se sa është i arritshëm një rrjet në aplikacionet dhe shfrytëzuesit[4]. Nëse një ruter ose switch operon keq ose dështon plotësisht kjo redukton edhe arritshmërinë e rrjetit, si dhe pengon qasjen në rrjet për klientët e lidhur.

Siguria nënkupton se sa është i sigurtë rrjeti nga kërcënimet e ndryshme. Një rrjet i sigurtë i ndalon ndërhyrjet e ndryshme në rrjet siç janë: krimbet (worms), trojanët si dhe anomalitë e tjera në trafik nga bandëithi negativ duke afektuar kështu në sasi të mëdha të spam-it si dhe sulmet në bllokime të shërbimeve (denial-of-service attacks).

Për të funksionuar një rrjetë si duhet disa gjera duhet të mirren parasysh:

- Aplikacionet dhe klientet duhet te kenë rrjetin në disponim

- Aplikacionet dhe klientët duhet të kenë bandëithin e nevojshëm
- Sigurimi i rrjetit e bën punën e vet edhe gjatë kohës së qetë edhe gjatë sulmeve
- Menaxhmenti i rrjetit duhet te ketë gjithë kontrollim në tërë rrjetin

Në mënyrë që ti mbrojmë këto tipare në rrjetet moderne të ditëve të sotme, menaxherët e rrjetave shpejt po e anashkalojnë mënyrën tradicionale në sigurinë e rrjetit.

Teknikat e reja për të siguruar integritetin e rrjetit dhe të të dhënave është e përbërë nga këto shtresa:

- Mbrojtja e perimetrit
- Shtresa Sistemore
- Shtresa e portës aplikative
- Shtresa e integritetit të hostit

Mbrojtja e Perimetrit nënkupton mënyrën tradicionale për mbrotje duke aktivizuar Fireëalls, Filtrimin me Antivirus si dhe sistemin e detektimit të ndërhyrjeve **(intrusion-detection)**. Këto janë komponentet kryesore që duhen për të mbrojtur sistemin tuaj nga sulmi i hakerëve.

Shtresa Sistemore qëndron ndërmjet sistemet të perimetrit dhe mbrojtjes aplikative, duke bërë që të përdorën politikat e automatizmit për të trajtuar dhe analizuar trafikun si dhe nevojat për të bllokuar anomalitë e mundshme të shfaqura.

Inxhinjeria Sociale

Inxhinieria Sociale (Social Engineering) është një taktikë e marrjes së informatave konfidenciale duke manipuluar shfrytëzuesin legjitim. Një inxhinier social në përgjithësi përdor telefonin ose internetin që të mashtrojë një person për ti vjedhur informatat sensitive apo për ti mbledhë ato kundër ndonjë aktiviteti të caktuar.[5] Kjo metodë më shumë është e fokusuar që të shfrytëzojë besimin e fituar tek viktima duke e bërë që ti besoj atij ose fjalëve të tij, sesa të shfrytëzoj ndonjë hapësirë në sigurinë e kompjuterit.

Gjatë realizimit të kësaj taktike sulmues përdor shfrytëzon 4 hapa kryesor për të arritur qëllimin e tij siç janë:

- Mbledhja e informatave
- Zhvillimi i marrëdhënies
- Mashtrimi
- Ekzekutimi

1. **Mbledhjae Informatave**
2. **Zhvillim i relacionit**
3. **Përdorimi**
4. **Ekzekutimi**

Figura 10 Hapat për Realizimin e taktit Sulmues

1.**Mbledhja e informacioneve:** shumë teknika mund të përdoren nga mashtruesi për të mbledhur informacionet për ti'a arritur cakut. Pasi të mblidhen, këto informata pastaj mund të përdoren për të ndërtuar një relacion me cakun apo me ndonjë element tjetërtë rëndësishëm për të pasur sulmin e suksesshëm.

Informatat të cilat mblidhen janë:

- Lista e telefonatave
- Datat e lindjes
- Struktura organizative e kompanise

2. **Zhvillimi i relacionit:** mashtruesi mundet shumë lehtë të shfrytëzojë gatishmërinë e cakut për të besuar në mënyrë që të zhvillojë raportë të mira më të. Gjatë zhvillimit të raporteve të mira, mashtruesi e vënë veten në pozicionin e personit të besueshëm të cilin më pastaj do ta shfrytëzojë.

2.**Shfrytëzimi:** Caku mëpastaj do të manipulohet nga mashtruesi "i besuar" për ti marrë informacione (fjalëkalimet) ose për të realizuar ndonjë veprim tjetër (p.sh krijimi i një accounti apo edhe marrja e kredive telefonike) e cila zakonisht nuk ndodhë. Ky veprim mund të jetë fundi i sulmit apo edhe fillimi i një faze të re.

4.**Ekzekutimi:** pasi të arrihet caku i kërkuar nga mashtruesi cikli përfundohet dhe arrihet qëllimi.

Sjelljet njerëzore

Ekzistojnë shumë faktorë që i shtyjnë njerëzit të veprojnë në këtë mënyrë.[6] Disa nga motivet kryesore që i kanë shtyrë bazuar në hulumtime të ndryshme janë aspekti financiar, vetë-interesi, hakmarrje si dhe presioni i jashtëm.

Me një fjalë, mund të themi se siguria ka të bëjë me besimin. Besimi në mbrojtje dhe autentikim.

Figura 11 Inxhinjeria Sociale

Caku dhe Sulmi

Qëllimet kryesore në inxhinjerinë sociale janë të njëjta sikur hackinug në përgjithësi: të marrin qasje të paautorizuar apo edhe informacione me qëllim që të kryejnë mashtrim, ndërhyrje në rrjet, vjedhje të identitetit ose thjesht të prishin sistemin apo rrjetin. Caqet tipike përfshijnë kompanitë telefonike dhe shërbimet e përgjigjeve; kompanitë e mëdha dhe institucionet financiare, ushrinë dhe agjensionet qeveritare si dhe spitalet.

Është e vështirë të gjendet ndonjë shembull reale i sulmit nga inxhinieria sociale sepse së është e vështirë te definohet si e tillë, por edhe për faktin së kompanitë dhe organizatat e ndryshme e fshehin faktin se kanë qenë të viktimizuara përshkak të reputacionit të tyrë apo edhe për arsye së sulmi nuk është dokumentuar mirë kështu që askush nuk është i sigurtë nëse ka qenë sulm i inxhinierisë sociale apo jo.

Sulmet nga inxhinieria sociale bëhen në dy nivele: fizik dhe psikologjik.

Sulmi fizik ka të bëjë me vendin, telefonin, shportën tuaj si dhe qasjen online. Sa i përket vendit, sulmuesi thjesht mund të hyjë në derë si dhe të pretendojë që është një mirëmbajtës apo konsultat i cili ka qasje në organizatë.[7] Pastaj përmes gënjeshtrave duke kërkuar fjalëkalimet e ndonjë punëtori mund të ketë qasje, apo edhe mënyra tjetër është duke e shikuar ndonjë punëtor në tastierë tek e shkruan fjalëkalimin në tastierë.

Mashtrimit përmes telefonit

Metoda më kyqe e sulmit në inxhinjerinë sociale realizohet përmes telefonit. Sulmuesi thërret në telefon dhe lajmërohet në emër të dikujt tjetër si person zyrtar dhe gradualisht i merr informatat nga nga shfrytëzuesi. Help Desku janë cak kryesor i këtyre sulmeve, përshkak se ata janë në vend specifik për të ndihmuar, një fakt që njerëzit e shfrytëzojnë për të marrë informacione. Njerëzit që punojnë në Help Desk janë të trajnuar për të qenë të shoqëruar dhe për të dhënë informacione, kështu që kjo është një mundësi e artë për inxhinjerinë sociale. Këta punëtorë janë minimalisht të edukuar në fushën e sigurisë, kështu që ata tentojnë të përgjigjen në pyetjet e bëra dhe të kalojnë në thirrjen tjetër. Kjo krijon një zbrazëtirë të madhe në siguri.

Inxhinjeria Sociale Online

Interneti është një bazë e mirë për inxhinjerët social të cilët kërkojnë gjetjen e fjalëkalimeve. E meta krysore e shumë përdoruesve është përdorimi i fjalëkalimeve të thjeshta dhe të njëjta nëpër se secilën llogari në internet: Gmail, Facebook, Twitter etj. Kështu që nëse sulmuesi e gjen një fjalëkalim, atëherë ai mund të ketë qasje në shumë llogari të tjera. Një metodë e njohur që hakerët e përdorin për ti marrë fjalëkalimet përdoruesve është edhe krijimi i formave online duke kërkuar që të plotësojnë shënimet përfshirë edhe adresën e emailave dhe fjalëkalimet. Këto forma mund të dërgohen përmes emailit[8].

Metodë tjetër e përdorur nga sulmuesit për të mbledhur informacione online është duke pretenduar së është një administrator i rrjetit, dhe duke dërguar email përmes rrjetit për të kërkuar fjalëkalimet e shfrytëzuesve. Kjo metodë në përgjithësi nuk funksionon, përshkak se përdoruesit janë të vetëdijshëm dhe të kujdesshëm ndaj sulmuesve kur janë online, por megjithatë është një metodë tipike funksionale. Për më shumë, sulmuesit mund të instalojnë edhe dritare Pop-Up në formë të marketingut përmes të cilave kërkojnë të rishkruajnë username dhe fjalëkalimin kinse për të zgjidhur ndonjë problem.

Trendet e Sigurisë dhe Rreziqet

Siguria e rrjetave kompjuterike është bërë shumë e rëndësishmë si për kompjuterët personal, organizatat, ashtu dhe për institucionet publike lokale dhe qeveritare. Me zgjerimin e interneti, siguria është bërë një brengë shumë e rëndësishme në fushën e teknologjisë informative dhe të komunikimit. Struktura e internetit të lejon që shumë kërcënime në aspektin e sigurisë të ndodhin. Me modifikimin e arkitekturës së Internetit, sulmet e mundshme mund të reduktohen dukshëm. Shumë biznese e mbrojnë veprimtarinë e tyre nga interneti duke vendosur mekanizma të enkriptimit apo edhe pajisjeve mbrojtëse në rrjetin e tyre.[9] Më së shpeshti kompanitë e krijojnë një "intranet" për të mbetur i lidhur në internet por i siguruar nga kërcënimet e mundshme.

Meqë siguria në rrjete kompjuterike pëson ndryshime të vazhdueshme në varësi të ndryshimeve revolucionare që po ndodhin në teknologjinë informative, përdoruesit bën që sigurisë të mos i qasen njejtë nga viti në vit.

Është e rëndësihme që të kuptohet nga administratorët e rrjeteve se sfida më e madhe e sigurisë është në ëeb. Sulmuesit i ndjekin njerëzit, dhe njerëzit janë në ëeb me pothuajse cdo shërbim të lidhur me internet siç janë, telefonat, skype, youtube, facebook etj.

Sulmuesit gjithashtu kanë informata se shumica e aplikacione në ëeb janë të porositura (custom-written) të cilat shpesh përmbajnë edhe kode të pambrojtura.

Dobësitë në Infrastrukturat e Rrjetit

Mbledhja e problemeve që krijohen nga filozofija e dizajnimit dhe politikave jane disa nga dobësitë që kzistojnë në rrjete kompjuterike respektivisht në protokollet e komunikimit. Interneti është një rrjetë paketë i cili punon duke i ndarë të dhënat që duhet të transmetohen në paketa të vogla individuale të cilat më pastaj shkarkohen në rrjete të përziera të elementeve gjatë komutimit (**switching**). Secila paketë e gjen rrugën e vetë në rrjetë pa pasur rrugë të përcaktuar më parë dhe në fund paketat kompletohet për të formuar mesazhin origjinal nga elementet e pranuara. Për të punuar suksesshëm, rrjeti i paketave duhet të jetë i një marrëdhënie të fortë besimi i cili mund të ekzistojë ndërmjet elementeve transmetuese.

Përderisa paketat janë në transmetim për tu kompletuar, është e rëndësishme që siguria e secilës paket dhe ndërmjetësimit të transmetimit të garantohet.

Ky nuk është gjithmonë rast i njëjtë në protokollet aktuale të fushës kibernetike. Ka fusha ku, përmes skanimit të porteve, përdoruesit e caktuar kanë arritur të, depërtojnë, mashtrojnë dhe të ndërpresin transmetimin e paketave.

Algoritmet dhe Protokollet në Rrjetet Kompjuterike

Për të shpjeguar më mirë funksionin dhe dallimin ndërmjet Algoritmeve dhe Protokolleve në rrjetet kompjuterike, ne më parë duhet te tregojmë si si ndodhë ecja e paketit nga burimi deri ne destinacion.

Si funksionin ecja (routing) e paketave

Ruterat përdorin algoritmet për ecje për të gjetur rrugën më të mirë deri ne destinacion. Kur themi rrugën "më të mirë" në nënkuptojmë, numrin e ruterave që duhet ti kalojë, vonesën në kohë, koston e komunikimit të paketit transmetues. Për ti përcaktuar të gjitha këto parametra në definimin dhe gjetjen e rrugës më të mirë neve do të na duhet të përdorim protokollet e caktuara në varësi të madhësisë së rrjetit kompjuterik.

Bazuar në mënyrën se si ruterët i mbledhin informacion për strukturën e rrjetit si dhe analizat që i bëjnë për të përcaktuar rrugën më të mirë, ne kemi dy algoritme kryesore për ecjen e paketave: algoritmi global dhe algoritmi i decentralizuar.

Në algoritmet e decentralizuara, secili ruter posedon informatat e përgjithshme për ruterët që i ka të lidhur direkt. Këta algoritme gjithashtu njihen edhe si algoritme të distancës vektoriale (Distance Vector).[10] Në algoritmet e ecjes globale, secili ruter ka të gjitha informacionet për të gjithë ruterët në rrjet si dhe statusin e trafikut për gjithë rrjetin. Ndyshe këto algoritme njihen edhe si Gjendje e Lidhjeve (Link State).

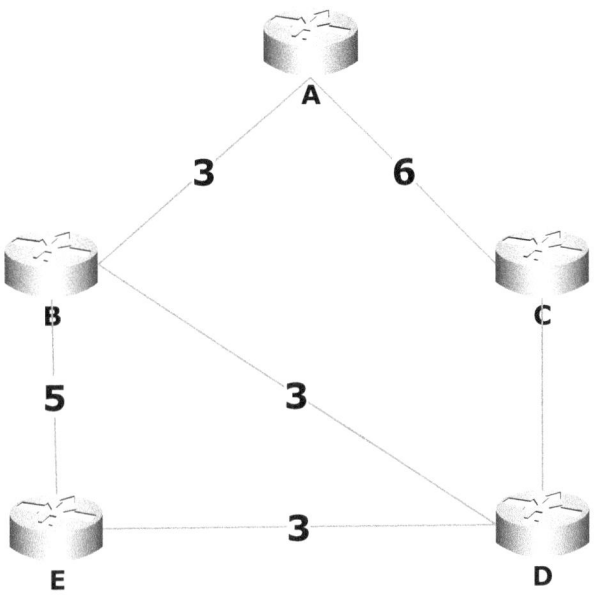

Figura 12 - Rutimi i Paketave

Protokolet e Rutuara *(Routed Protocol)*

Routed Protocol *(Protokolet e Rutuara)* është çdo protokoll i cili ofron informatat të mjaftueshme në shtresën e rrjetit për të lejuar një paket që të përcillet nga një host në tjetrin bazuar në skemën e adresimeve. Protokolet e Rutuara definojnë formën e vet brenda një paketi. Paketat në përgjithsësi përcillen nga një sistem i fundit në tjetrin sistem të fundit. Një protokoll i rutuar shfrytëzon tabelat e rutimit për të përcjellur paketat. Disa nga protokollet e rutuara janë:

- IP – Internet Protkoli
- Internetwork Packet Exchange (IPX)
- AppleTalk

Protokolet e Rutimit (Routing Protocols)

Përkrah një protokoll të rutuar duke ofruar mekanizmin për ndarjen e informacioneve për rutim. Mesazhet e rutimit lëvizin ndërmjet ruterëve. Një protokoll i rutimit lejon ruterët që të komunikojnë me ruterët e tjerë për të freskuar dhe mirëmbajtur tabelat. Disa nga protokollet e rutimit që përkrahin TCP/IP janë:

- Routing Information Protocol (RIP)
- Interior Gateway Routing Protocol (IGRP)
- Enhanced Interior Gateway Routing Protocol (EIGRP)
- Open Shortes Path First (OSPF)

Që një protokoll të jetë i rutuar, ky duhet të sigurojë një numër të rrjetit, si dhe një numër te hostit për secilën pajisje veq e veq. P.Sh. Internet Protokoli (IP) kërkon që adresa komplete të ofrohet si edhe maska e rrjetit.

Routing Information Protocol (RIP)

Protokoli për Rutim të Informatave (*Routing Information Protocol*) është një protokoll i distancës vektoriale i cili shfrytëzon si metrik matës numërimin e hapave të kalimit nga një ruter në tjetrin. Protokoli RIP është shumë i njohur dhe i përdorur për rutimin e trafikut në Internetin global si dhe është një protokoll i portës së brendshme (*Interior Gateëay Protocol*), që nënkupton se cdo veprim të rutimin e realizon brenda një sistemi të vetëm autonom. Protkolet e portës së jashtme (*Exterior Border Protocols*), veprimet e tyre i realizojnë ndërmjet disa sistemeve autonome të ndryshme.

Emri origjinal i këtij protokoli ka qenë XEROX. Protokoli RIP i cili është shumë protokoll i njohur në komunitetin e Internetit, formalisht është definuar në vitin 1988 rrespektivisht në Kërkesën për Komente (*Request for Comments*) 1058.

Protokoli RIP është adaptuar shumë shpejt nga prodhuesit e kompjuterëve personal (PC) për përdorim në produktet e tyre të rrjetave. Protokli i rutimit AppleTalk është një version i modifikuar i RIP. Protokoli RIP ka qenë bazë e krijimit të protokolave të rutimit nga Novell, 3Com, Banyan etj.

Formati i Tabelës së Rutimit

Secila hyrje në një tabelë te rutimit në RIP ofron informacione të ndryshme, duke përfshirë edhe destinacionin e fundit, hapin e ardhshmë drejt destinacionit si dhe metrikun.[11] Metriku tregon distancën në numrin e hapave deri në destinacion. Informata të tjera gjithashtu mund të prezantohen në tabelën e rutimit, përfshirë edhe intervalet kohore brenda rrugës.

Destinacioni	Hop-i l ardhshëm	Distanca	Koha	Flamuri
Rrjeti A	Ruteri 1	3	t1, t2, t3	x, y
Rrjeti B	Ruteri 2	5	t1, t2, t3	x, y
Rrjeti C	Ruteri 1	2	t1, t2, t3	x, y

Figura 13 Tabelë e Rutimit RIP

Protokoli RIP i mban vetëm rrugët më të mira drejt destinacionit. Kur një informatë e re na ofron një rrugë më të mira, kjo informatë e zevëndëson informatën për rrugën e vjetër. Ndryshimet në topologjitë e rrjetave mund të ndikojnë në ndryshimin e rrugëve, duke shkaktuar edhe hamendje në funksionimit të rrjetit. Kur topologjitë e rrjetave pësojnë ndryshimë, ato reflektojnë në azhurimin e mesazheve në rutim.

P.sh, kur një ruter detekton një lidhje të dështuara apo edhe një rutër të jashtë sistemit, ky e rikalkulon rrugën e vet dhe dërgon mesazhet e azhuruara të rutimit. Secili ruter i cili pranon mesazhet e azhuruara të rutimit i përfshin edhe azhurimet e ndryshuara në tabelën e vet dhe i lajmëron ndryshimet[12]. Në bazë të specifikave të përcaktuara në Kërkesën për Komente më numër 1058 për protokollin RIP, formati i paketës është si në vijim:

1	1	2	2	2	4	4	4	4
A	B	C	D	C	E	C	C	F

A = Komanda
B = Numri i Verzionit
C = Zero
D = Idettifikuesi i Adresës
E = Adresa
F = Metriku

Figura 14 Formati i Paketit RIP

Këto fusha të cilat formojnë paketin RIP janë si në vijim:

- Command – Identifikon nëse paketa është kërkesë apo përgjigje. Komanda në formë të kërkesës kërkon një përgjigje nga sistemi për të dërguar komplet apo pjesërisht pjesë të tabelës së vet të rutimit. Destinacionet për të cilën një përgjigjje është kërkuar janë të listuara mëpastaj në paketë. Komanda në forma të përgjigjess, prezanton një përgjigje në kërkesën ose në të shumtën e rasteve një azhurim të rregulltë të rutimit. Në paketën e përgjigjjes, sistemi përgjegjës përfshin të gjitha ose pjesërisht pjesë të tabelës së rutimit. Azhurimet e rregullta të rutimit përfshijnë gjithë tabelën e rutimit.

- Version Number – Përcakton versionin e RIP që është duke u implementuar. Me potencial që të implementohen më shumë protokole RIP në një rrjet, kjo fushë mund të përdoret për të sinjalizuar implementimet jokompatibile brenda rrjetit.

- Address family identifier – Është një fushë me 16-bit me të gjitha zero dhe specifikon një grup të adresave që janë duke u përdorur. Në internet, ky grup i adresave është IP (vlera=2), por gjithashtu mund të prezantohen edhe rrjete të tjera.

- Address – Përcillet me një tjeter fushë prej 16-bit të gjitha zero. Në implementim e RIP në internet, kjo fushë përmban një IP Adresë.

- Metric – Përcillet me një fushë prej 32-bit të zerov si dhe përcakton numërimin e hapave (*Hop Count*). Numërimi i hapave nënkupton sa rutera duhet të kalojë informata gjatë transmetimit për të arritur deri në destinacion.

Sikur të gjithë protokollet e rutimit, edhe RIP përdor disa intervale kohore për të përmirësuar performansën e vet. Azhurimi i kohës së rutimit (*Routing Update Timer*) në RIP është 30 sekonda, duke u siguruar se secili Ruter do të dërgojë kopjen komplete më tabelën e vet të rutimit te të gjithë rutërët fqinjë cdo 30 sekonda. Koha e pavlevshme gjatë rrugës (*Route Invalid Timer*) përcakton sa kohë duhet të pres ruteri pa dëgjuar informata nga ruteri fqinjë para së ta konsideron atë rrugë si të pavlefshme.

Ky lajmërim ndodhë në momentin e skadimit të kohës për Route Flush Timer. Kur të skadon kohë e Route Flush Timer, kjo rrugë largohet nga tabela e rutimeve. Vlerat fillestare kohore për këtë janë 90 sekonda për kohën e pavlefshme gjatë rrugës ndërsa 270 sekonda për rute flush timer.

RIP-i ka një numër të madh të karakteristikave që janë dizajnuar për ta bërë sa më operativë dhe stabil në ndryshime të shpejta të topoligjsë së rrjetit. Kjo përfshin edhe kufizimet në matjen e hapave, *hold-doën dhe poison reverse updates*.

Protokoli RIP lejon matjen e kalimit të ruterave deri në 15 ruterë. Cdo destinacion që është më i madh se 15 hops, konsiderohet si i paarritshëm.[13] Kufizimi prej 15 hops, e limiton protokoll RIP në përdorimin e tij në rrjeta më të mëdha, por që gjithashtu edhe e parandalo problem e quajtur numërimi deri në pakufi (*count to infinity*) nga shkaktimi i rutimeve unzore në rrjet.

Hold-Doën përdoren për të ndaluar azhurimet e rregullta te mesazheve nga rivendosja e një rruge të papërshtshme që ka shkuar keq. Kur një rrugë të dështojë, ruterët fqinjë e detektojnë këtë. Këta ruterë mëpastaj e kalkulojnë rrugën e re dhe i dërgojnë mesazhet e rutimit të azhuruar në mënyrë që ti informojnë ruterët fqinjë për ndryshimin e rrugës.

Azhurimet e shkaktuara nuk arrijnë menjëherë në të gjitha pajisjet e rrjetit. Prandaj është e mundur që pajisja e cila ende nuk e ka marrë informatën për dështimin e rrjetit, mund të dërgojë mesazhet e azhuruara te pajisja e cila vetëm se është njoftuar që ka dalur nga rrjeti.

Hold-Down tregojnë ruterëve që të mbajnë ndryshimet të cilat mund të afektojnë ruterët e larguar së fundi për një periudhë kohore. Periudha e hold-doën zakonisht është e kalkuluar që të jetë më e madhe sesa periudha e kohës së nevojshme për të azhuruar rrjetin në tërësi për ndryshimin e rutimit. Hold-Doën e parandalon problemin e numërimit deri në pakufi.

Interior Gateway Routing Protocol (IGRP)

Ashtu si edhe protokoli RIP, IGRP është një protokoll me rutim të distancës vektoriale. Për dallim prej protkolit RIP, IGRP është një proton pronë e Ciscos ne vend se protokoll me bazë standarde[14]. IGRP është një protokoll më komplet për tu implementuar, si dhe ka aftësinë që të përdor një numër të faktorëve për të vendosur se cila rrugë është më e mirë deri ne rrjetin e destinacionit.

IGRP si një protokoll i zhvilluar nga Cisco, azhurimet e rutimit i dërgon në intervale prej 90sekonda, duke i lajmëruar rrjetet për sistemin e veqantë autonom.

Karakteristikat kryesore të protokollit IGRP janë:

- Shkathtësia për të trajtuar në mënyrë automatikë dhe komplekse topologjitë
- Fleksibilitetin e nevojshëm për të segmentuar brez-kalimin (*bandwidth*) *dhe* karakteristikat e vonesës
- Thjeshtësinë për të punuar në rrjete shumë të mëdha

Në mënyrë të rëndomtë, IGRP përdor brez-kalimin dhe vonesat si metric. Gjithashtu, IGRP mund të konfigurohet për të përdorur variabla të kombinuara për të vendosur një metrik të kompozuar. Këto variabla përfshijnë:

- Brez-kalimin
- Vonesën
- Ngarkesën
- Besueshmërinë

IGRP i lajmëron tre tipe të rrugëve:

- Rrugët e brendshme – janë rrugët ndërmjet nën-rrjetave të një rrjeti i lidhur në një interface të ruterit. Nëse rrjeti i lidhur në një ruter nuk posedon nën-rrjete, atëherë IGRP nuk i lajmëron rrugët e brendshme.
- Rrugët sistemore – janë rrugët në rrjete brenda një sistemi autonom. Rrugët sistemore nuk përfshijnë informacionet e nën-rrjetave.
- Rrugët e jashtme – janë rrugët në rrjete jashtë sistemit autonom të cilat konsiderohen kur identifikojmë portën e zgjidhjes së fundit. Nëse sistemi autonom ka më shumë se një lidhje në një rrjet të jashtëm, ruterët e ndryshëm mund të zgjedhin rutëre të ndryshëm të jashtëm si porta të zgjidhjes së fundit.

Sikurse protoni RIP edhe protokoli IGRP ka disa karakteristika të cilat janë dizajnuar për të rritur efikasitetin dhe skathtësinë e tij siç janë:

- Holddowns
- Split Horizon
- Poison reverse updates

Rutimi përkrah Komutimit (Routing vs Switching)

Nganjëherë në e kemi të vështirë të bëjmë dallimin ndërmjet Rutimit dhe Komutitmit (*switching*), edhe pse shpesh na duken si të njejta. Në fakt të dyja këto procese janë të njëjta, por dallimi thellbësor qëndron në atë se kur dhe si implementohen.

Kontrolli i qasjes

Kontrolli i qasjes është një proces përmes të cilit resurset apo shërbimet lejohen ose ndalohen në një sistem apo rrjet kompjuterik. Kontrolli i qasjes ka një sërë terminologjish të cilat përdoren për të përshkruar veprimet e tij. Janë katër modele standarde të kontrollit të qasjes si dhe praktikat e ndryshme të përdorura për të forcuar.

Para së të shtjellojmë katër modelet kryesore për kontroll të qasjes, do të japi shpjegimin për katër hapat kryesor që duhet të ndjekim për të krijuar një sistem më të sigurtë të kontrollit të qasjes:

Identifikimi – Nënkupton prezantimin tuaj. Në gjuhën e teknologjisë informative, identifikimi paraqet pseudonimin tuaj për tu qasur në një shërbim të caktuar. P.sh. ID e universitetit.

Authentikimi – nënkupon vërtetimin se ju jeni personi i vërtetë që e keni shkruar ID e universitetit. P.sh nëse dëshirojmë të qasemi në shërbimet online atëherë identifikimi nënkupton shkrimin e ID kurse authentikimi nënkupton fjalëkalimin për të vërtetuar se jeni ju. Dmth, fjalëkalimi është një lloj sekret ndërmjet shfrytëzuesit dhe sistemit.

Autorizimi – është momenti pasi që shfrytëzuesi të ketë përfunduar procesin e identifikimit dhe authentikimit.. Në këtë hap shfrytëzuesit i paraqiten opsionet dhe veprimet që mund ti krye në sistem.

Access – Në këtë hap shfrytëzuesi i ka të drejtat e plota në sistem dhe mund ti kryej veprimet e nevojshme.

Veprimi	Përshkrimi	Shembull	Procesimi Kompjuterik
Identifikimi	Rishikimi i Kredencialeve	Personi i ofruar prezanton shenjëne punëtorit	Përdoruesie shkruan emrin
Authentikimi	Validimi i Kredencialeve	Kontrollorie lexon shenjën për të parëa është i vërtetë	Përdoruesi ofron fjalëkalimin
Autorizimi	Dhënjae lejeve për pranim	Kontrollorihap derën për ta lerjuar brenda	Përdoruesi autorizohet për tu kyqur
Qasja	Dhënjae të drejtave për qasje në resurset specifike	Personi qëka hyrë mundet të kryej vetëm punëte caktuara	Përdoruesi lejohet të qaset në të dhënat specifike

Figura 15 Hapat fillestar për kontroll të qasjes

Kontrolli i qasjes mund të kryhet nga një prej njërit nga tre entitetet: hardueri, softueri, apo politike (*policy*).[15] Gjithashtu kontrolli i qasjes mund të merr forma të ndryshme në varësi të resursit që duhet mbrojtur.

Kontrolli i qasjes fizike krijon barriera fizike të cilat rregullojnë mënyrën se si shfrytëzuesit mund të vijë në kontakt fizik me resurset.

Kontrolli i qasjes në rrjet rregullon të drejtat që mund ti ketë një shfrytëzues i autorizuara në atë rrjet, kurse kontrolli i qasjes përmes sistemit operativ përfshin restrikcionet e qasjes së shfrytëzuesve në file, programe etj.

Terminologji të tjera që përdoren për të përshkruar se si një sistem kompjuterik e rregullon kontrollin e qasjes janë:

- Objekti – Një objekt është një resurs specifik, siç është një file apo pajisje harduerike
- Subjekti – Një subjekt është një shfrytëzues apo një proces që funksionon në emër të një shfrytëzuesi që tenton ti qaset objektit
- Operacioni – Veprimi që ndërmirret nga subjekti nëpër objekt quhet operacion.

Përshkak se një sistem, në veçanti një sistemi i rrjetit, mund të ketë me mijëra shfrytëzues dhe resurse, menaxhimi i të drejtave të qasjes për secilin shfrytëzues mund të jetë një proces shumë kompleks. Për këtë arsye janë zhvilluar shumë teknika dhe teknologji për të zgjidhur këtë problem siç janë: matrica e kontrollit të qasjes, listat e kontrollit të qasjes *(access control lists)*, kontrolli i qasjes bazuar në role, kontrolli i qasjes bazuar në rregulla, kufizimi i ndërmjetësuesve *(interface)*, dhe kontrolli qasjes në varësi të përmbajtjes.

Shumica e teknikave dhe teknologjive që i përmendëm janë të reja në rritjen e fushës kibernetik si dhe shumë të përdorura në rrjetëzime. Këto teknika dhe teknologji të reja e kanë shtuar nevojën për kontroll të qasjes në sisteme.[16] Për një kohë të gjatë, kontrolli i qasjes është përdorur me përdorues apo grup bazuar në listat e kontrollit të qasjes, respektivisht në sisteme operative. Megjithatë, me zhvillimin e aplikacioneve të rrjetit të bazuar në Ëeb, kjo qasje më nuk ka treguar fleksibilit të mjaftueshëm përshkak se nuk është e përshtatshme në ambientin e ri të aplikacioneve. Kështu që, sistemet e bazuar në Ëeb kyçin teknika dhe teknologji të reja siç është kontrolli i qasjes bazuar në role dhe në rregulla, ku të drejtat e qasjes bazohen në atributet e shfrytëzuesit specifik siç janë roli, renditja apo edhe njësia organizative.

Modelet e Kontrollit të qasjes

Një administrator i rrjetit, apo edhe një zhvillues i sistemeve duhet të jetë i kujdesshëm kur të krijon një aplikacion apo një sistem te rrjetit. Elementi i parë në fushën e sigurisë që duhet ta kenë paraysh është që të ndalojnë qasjet e paautorizura në sistem. Për ta realizuar këtë, duhet të përdoren modelet ekzistuese për kontrollin e qasjes. Një model i kontrollit të qasjes ofron një kornize të paracaktuar për zhvilluesit e harduerit dhe softuerit të cilët kanë nevoje për implementimin e kontrollit të qasjes në pajisjet apo aplikacionet e tyre. Pasi të aplikohet modeli i kontrollit të qasjes, ata mund të konfigurojnë sigurinë bazuar në kërkesat e klientit.

Ekziston katër modele kryesore për kontrollin e qasjes që përfshijnë:

- Kontrolli i qasjes se obligueshme (MAC – *Mandatory Access Control)*
- Kontrolli i qasjes diskrecionale (DAC – *Discretionary Access Control)*
- Kontrolli i qasjes bazuar në role (TBAC – *Role Bases Access Control)*
- Kontrolli i qasjes bazuar në rregulla (RBAL – *Role Based Access Control)*

Kontrolli i qasjes së obligueshme – Në këtë model përdoruesi i fundit nuk mund të implementoj, modifikoj apo edhe të transferoj ndonjë kontrollë. Në vend të kësaj, pronari dhe administratori i rrjetit janë përgjegjës për menaxhimin e kontrollit të qasjes. Në fillim, udhëheqësi i definon politikat të cilat në mënyrë strikte definojnë veprimet që mund ti bëjnë përdoruesit e fundit. Mëpastaj, administratori i rrjetit implementon këto politika të cilat përdoruesit nuk mund t'i modifikojnë. Ky është modeli më i kufizuar sepse të gjitha kontrollet janë të fiksuara.

Kontrolli i qasjes diskrecionale – Për dallim nga modeli MAC i cli është më i kufizuar, ky model është me pak i kufizuar. Në këtë model, përdoruesi ka komplet kontrollin në të gjitha objektet të cilat ai ose ajo i posedon sëbashku me programet që janë të lidhura me këto objekte. Në modelin e kontrollit të qasjes diskrecionale, përdoruesit gjithashtu mund të ndryshojë lejimet për përdoruesit tjerë.

Kontrolli i qasjes bazuar në role – Kjo metodë konsiderohet si metoda më reale e kontrollit të qasjes, përshkak se e gjithë struktura e kontrollit të qasjes bazohet në funksionet që i kryen përdoruesit brenda një organizatë apo kompanie të caktuar.[17] Në këtë model, rolet mund të krijohen si objekte të veçanta dhe mëpastaj mund t'i shtohen në atributet e përdoruesit të caktuar. P.sh. roli i menaxheri mund të krijohet si funksion/objekt, dhe mepastaj mund ti shtohet përdoruesit të caktuar që e fiton titullin menaxher.

Kontrolli i qasjes bazuar në rregulla – Ky model të mundëson që në mënyrë automatike të caktohen rolet për përdoruesit bazuar në një grup të rregullave të definuara nga administratori. Secili resursë përmban një grup të qasjeve bazuar në rregulla. Kur shfrytëzuesi tenton të qaset në resurse, atëherë sistemi i kontrollon rregullat që i përmban objekti për të caktuar nëse qasja mund të lejohet.

Kontrolli i qasjes bazuar në rregulla më së shpeshti përdoret për menaxhimin e qasjes së përdoruesve në një ose më shumë sisteme, ku ndryshimet në biznes, mund të shkaktojnë ndryshime në qasje të përdorimit të aplikacioneve.

P.sh. Rrjeti A dëshiron të ketë qasje në objektet e Rrjetit B, i cili është i vendosur në anën tjetër të ruterit. Ky ruter përmban një grup rregullash për kontroll të qasjes. Ruteri mund të caktoj disa role për përdoruesin, bazuar në adresën e tij të rrjetit apo protokollit, i cili mëpastaj do të caktoj se a do ti lejoj qasjen apo jo.

Emri	Kufizimet	Përshkrimi
Kontrolli i Qasjes së	Përdoruesi i fundit nuk mund të caktoj	Modeli më kufizues
Kontrolli i qasjes	Subjektika kontrollën totale mbi objektin	Modeli më pak kufizues
Kontrolli i qasjes bazuar nërole	Cakton lejet në rolete veqanta në organizatë dhe mëpastaj përdoruesit vendosen nërole	Modeli që konsiderohet më real
Kontrolli i qasjes bazuar në rregulla	Në mënyrë automatike caktohen rolet në subjekte bazuar në rolete definuara nga administratori	Përdoret për të menaxhuar përdoruesit në një ose më shumë sisteme

Figura 16 Modelet e kontrollit të qasjes

Një mënyrë për ti parë dallimet ndërmjet modeleve të kontrollit të qasjes është të shohim se si janë implementuar në sistemet operative moderne. Shumica e sistemeve operative përdorin më shumë se një model për kontroll të qasjes. P.sh. Microsoft Ëindoës Server 2008 nuk e përdorë në mënyrë strikte modelin për Kontroll të qasjes bazuar në role, kjo mund të simulohet duke përdorur grupet e krijuara siç janë: Poëer

Users, Server Operators dhe Backup Operators apo edhe duke krijuar një rol të ri bazuar në funksionet e punës. Ëindoës gjithashtu përdor edhe modelin e kontrollit të qasjes diskrecionale si dhe lejon përdoruesit me lejet e duhura që ti ndajnë resurset siç janë fajllat, printerët si dhe të japin qasje për përdoruesit e tjerë.

Identifikimi dhe aplikimi i praktikave më të mira për metodat e kontrollit të qasjes

Zakonisht ekziston përvojat dhe praktikat më të mirat për kontrollë të qasjes që zakonisht rekomandohen. Disa nga praktikat me të njohura për kontroll të qasjes janë: ndarja e detyrave; ndërrimi i punës; më pak privilegje si dhe ndalesat implicite (*implicit deny*).

Ndarja e detyrava është një princip i sigurisë i përdorur në politikat e kontrolluara nga shumë persona që paraqet dy ose më shumë persona përgjegjës për të kryer një apo më shumë punë.

Qëllimi i kësaj metode është që të ndalojë mashtrimin duke shpërndarë përgjegjësinë e një autoriteti për një veprim te shumë persona.

Problemi i ndarjes së detyrave është i rëndësishëm për disa arsye sepse kjo ruan disa detyra që janë esenciale për sigurinë.

Kemi dy tipi të ndarjes së detyrave.

Statike apo përjashtim i fortë si dhe Dinamike ose përjashtim i dobët.

Ndarja statike e detyrave përcaktohet ndaj grupeve të roleve dhe roleve të lajmëruara që caktohen për ndikimin e përdoruesve të ndryshme.[13] Që nënkupton se dy rolet nuk kanë principe të përbashkëta. Kurse, ndarja dinamike e detyrave na tregon se përgjegjësit që kanë veprime të ndryshme kryhen nga individ të ndryshëm edhe nëse të dyja kanë role të njejta. Kjo nënkupton se anetarët që kanë role të njejta nuk mund të jenë aktivë të dytë në të njëjtën kohë.

Ndërrimi i punës – Një mënyrë tjetër për të ndaluar individët nga posedimi i kontrollit të tepërt është që të përdorim ndërrimin e punës. Në vend se një person të ketë i vetëm përgjegjësin për një funksion, individët mund të lëvizin në mënyrë periodike nga një përgjegjësi e punës në tjetrën. Kjo shkurton kohën të cilën individët e kanë në dispozicion për të manipuluar konfiguracionin e sigurisë.

Më pak privilegje – Principi i të pasurit më pak privilegje në kontrollin e qasjes nënkupton që secilit përdorues duhet ti jepen privilegjet minimale të nevojshme për të kryer punën e vet. Kjo ndihmon që të sigurohemi se përdoruesit nuk i tejkalojnë autorizimet e tyre qëllimshëm.

Në linjë të afërt me parimet e më pak privilegjeve është edhe koncepti i më pak kohë për privilegje. Përdoruesve duhet ti ipen lejet minimale dhe këto duhet të ipen në periudhë të shkurtë kohore. Kjo na ndihmon që të sigurohemi se një përdorues nuk do të mund të ketë kontrollin e qasjes pasi që projekti i kërkuar me ato leje do të përfundoj.

Ndalesat implicite – në kontrollin e qasjes nënkupton se nëse nuk është plotësuar kushti në mënyrë implicite, atëherë ajo do të refuzohet. P.Sh. nëse një ruter ka restrikcione të kontrollit të qasjes bazuar në rregulla, nënkupton se nëse nuk plotësohet kushtet e restrikcioneve, atëherë ruteri do të refuzoj qasjen përshkak se aty është implementuar kauza:

ndaloj të gjitha. Cdo veprim i cili në mënyrë explicite nuk lejohet atëherë do të refuzohet.

Implementimi i metodës së kontrollit përmes adresimit logjik dhe fizik

Metodat për implementimin e kontrollit të qasjes ndahen në dy kategori, kontrolli i qasjes fizike dhe kontrolli i qasjes logjike.

Në kategorinë e kontrollit të qasjes logjike përfshin edhe listat e kontrollit të qasjes (ACL), politikat grupore, restrikcionet në llogari dhe fjalëkalimet.

Listat e qasjes se kontrollit (ACL – *Access Control Lists***)**

Administratorët e rrjetit duhet të jenë të aftë për të bllokuar cdo qasje të panevojshme në rrjet, por duke mos i penguar qasjet e tjera. Në të shumtën e rasteve, siguria e bazuar në fjalëkalime, verifikime si dhe siguria fizike janë të mirëseardhura edhe pse shpesh nuk tregojnë fleksibilitetin e nevojshëm duke bllokuar të gjitha qasjet në atë linjë.[8] Kemi një shembull, që administratori i rrjetit do të donte që te gjithe përdoruesit të kenë qasje në internet, por që të mos munden të qasen ne Telnet dhe FTP.

Ruterët na ofrojnë filtrimin e trafikut të caktuar përmes listave për kontrollin e qasjes. Një listë për kontrollin e qasjes përbëhet nga një grumbull sekuencil i fjalëve lejo (*permit*) dhe blloko (*deny*) të cilat aplikohen në adresat e protokolleve në shtresat e larta.

Është e rëndësishme që lista e qasjes të konfigurohet në mënyrë korrekte dhe të dihet vendi se ku duhet të vendoset në rrjet. Listat e kontrollit të qasjes shërbejnë për shumë qëllime në rrjet. Funksionet më të shpeshta të tyre përfshijnë:

- Filtrimin e paketave prej brenda
- Mbrojtjen e rrjetit të brendshëm nga qasja ilegale në internet
- Kufizimin e qasjes në portet virtuale të terminalit

Listat per kontrollin e qasjes janë lista të instruksioneve të cilat duhet ti aplikojmë në një interface të ruterit. Këto lista i tregojnë ruterit se cilat paketa duhet ti lejoj dhe cilat duhet t'i ndaloj. Lejimi dhe Ndalimi i paketave mund të bazohet në disa specifika, siç janë adresa e burimit, adresa e destinacionit, si dhe numeri i portit TCP/UDP.

Listat per kontrollin e qasjes na mundësojnë gjithashtu që të menaxhojmë trafikun dhe të skenojmë paketat specifike duke aplikuar këto lista në njërin prej interfaceve të ruterit. Cfarëdo trafiku i cili shkon përmes interfacet është i testuar kundër rregullave të caktuara si pjesë e listës për kontrollin e qasjes.

Listat për kontrollin e qasjes *(ACL)* mund të krijohen për të gjitha protokollet e rutuara *(Routed)* siç është, Internet Protokoli (IP), për të filtruar paketat që kalojnë përmes ruterit. ACL gjithashtu mund të konfigurohen në ruter për të kontrolluar qasjes në rrjet apo nënrrjet *(subnet)*.

ACL e filtrojnë trafikun e rrjetit duke kontrolluar nëse paketat e rutuara janë përcjellur apo bllokuar në interfacen e ruterit. Ruteri e kontrollon secilin paket për të vendosur se a të përcjellë paketin apo të heq dorë, bazuar në kushtet e specifikuara në ACL. Kushtet e ACL mund të jenë adresae burimit të trafikut, adresa e destinacionit në trafik, protokollet në shtresat e epërme, porti ose aplikacioni.

Ekzistojnë shumë arsye pse duhet të krijojmë lista për kontrollin e qasjes. Ne do të shpjegojmë disa nga mundësitë që mund ti realizojmë prej këtyre listave:

- ACL e minimizon trafikun ndërsa e rrit performancën e rrjetit. P.sh, Lista për kontrollin e qasjes mund të dizajnojë disa paketa për tu proceduar nga ruteri përpara së trafiku tjetër të arrij, në bazë të protokollit. Kjo ndryshe quhet edhe ***pritje (*queuing*)***. Procesi i pritjes siguron se ruteri nuk do ti procesojë paketat të cilat nuk janë të nevojshëm, dhe si rregullat trafiku i rrjetit kufizohet si dhe reduktohen ngjeshjet e paketave.
- Ofron kontroll te rrjedhjes së trafikut (*Traffic Flow Control*)
- Ofron nivelin fillestar të sigurisë ndaj qasjes në rrjet. Këto lista na mundësojn që një pajisje të mund të ketë qasje në rrjet dhe ti ndaloj pajisjet tjera që të mund të qasen në rrjet.
- Vendos se cili tip i trafikut mund të përcillet ose të bllokohet në interfacen e ruterit. Ti mund të lejosh qasjen në email, por që në të njejtën kohë të ndalosh trafikun e FTP.

Përdorimi i listave për kontroll të qasjes mund të bëhet në disa mënyra. Mund të krijojmë ACL për secilin protokoll të cilin ne dëshirojmë ta filtrojmë apo edhe për secilin interface në ruter. Për disa protokole duhet të krijojmë një ACL për të filtruar trafikun përbrenda dhe një ACL për të filtruar trafikun nga jashtë[18].

ACL është një grup i fjalëve që definojnë se si paketa duhet të:

- Hyjë përbrenda interfacet të ruterit
- Si të veprojë brenda ruterit
- Si të dali jashtë interface të ruterit

Kategoria e dytë e metodave për të implementuar kontrollin e qasjes përveq kontrollit logjik, gjithashtu është edhe kontrolli fizik.

Kontrolli i qasjes fizike në plan të parë mbron pajisjet kompjuterike dhe është i dizajnuar që të ndalojë përdoruesit e paautorizuar që të kenë qasje fizike në përdorimin, vjedhjen apo dëmtimin e pajisjeve. Edhe pse siguria fizike duket e dukshme, në praktikë kjo i ka tejkaluar parashikimet përshkak se vëmendja kryesore përqëndrohet te mbrojtja nga sulmuesit e mundshëm përmes sulmeve digjitale. Megjithatë, duke u siguruara së pajisjet dhe të dhënat në pajisja nuk mund të arrihen në mënyrë fizike atëherë mund të themi se rëndësia është e njejtë. Kontrolli fizik i qasjes përfshin sigurinë e komputerëve, sigurinë e derës hyrëse, kurthet njerëzore, mikëqyrjen përmes videos si dhe regjistrimin e hyrjeve fizike.

Elementi kyq i mbrojtjes fizike, eshte sigurimi i sistemit nga brenda. Për përdoruesit e fundit, shumë organizata, kompani dhe institucione e largojnë apo edhe e c'aktivizojnë pjesën harduerike e cila mund të ofrojë qasje në kompjuter siç janë, portet USB dhe diqet CD/DVD. Ky hap e ndal sulmuesin që ti instaloj programet e veta për të pasur mëpastaj qasje nga jashtë. Gjithashtu edhe sigurimi i serverëve të rrjetit është i rëndësisë së veqantë. Në ditët e sotme të gjithë serverët janë të lidhur nëpër rafte që gjerësia e tyre shkon deri ne 4.45cm dhe kështu mund të vendosen më shumë serverët në një raft si dhe të lidhën që të mos mund të vidhen.

Figura 17 Server me mundë të montimit (Rack Mounted)

Që të mos kemi monitorë, maus dhe tastierë të ndarë, mund të përdorim një pajisjet që l lidhë të gjitha në një dhe që quhet **KVM(keyboard, video, mouse) switch**, l cili l kthen të gjitha në një monitor, mause dhe tastierë. KVM është e paraqitur në figurën në vijim:

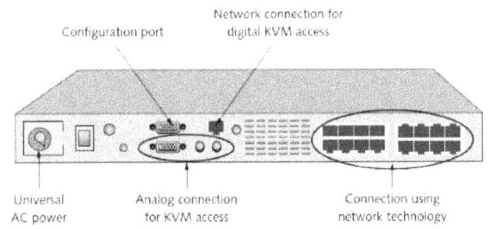

Figura 18 Komutimi KVM (KVM Switch)

Sigurimi i derës apo edhe zyreve të serverëve është gjithashtu e rëndësishme. Mbrojtjet e zakonshme të sigurisë fizike përfshin edhe mbylljet fizike, sistemin e qasjeve në dyer etj.

Kurthi njerëzor është një pajisje e sigurisë e cila monitoron dhe kontrollon dy dyer të mbyllura përbrenda një dhome të vogël e cila ndal hapësirën e siguruar prej hapësirës së pasiguruar. Vetëm një derë mund të hapet në të njejtën kohë.[19] Kurthet njerëzor përdoren në hapësirët e sigurisë së lartë ku vetëm personat e autorizuar lejohen të hynë, siç janë hapësirat e ndjeshme për procedimin e të dhënave, hapësirat për trajnimin e mjeteve, laboratorët për hulumtime kritike, dhomat e kontrollit të sigurisë etj.

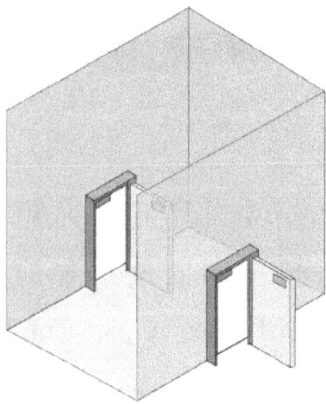

Figura 19 Kurther njerëzore *(Mantrap)*

Mbikqyrja përmes videos

Monitorimi i hapësirës dhe i aktiviteteve përmes video kamerave të ofron një nivel të kënaqshëm të sigurisë. Përdorimi i video kamerave për transmetimin e sinjalit në një grup të caktuar të pranuesve quhet qarku i afërt televiziv *(closed cirkuit televizion CCTV)*. CCTV zakonisht përdoret për mbikëqyrje në hapësirat që kërkojnë monitorim të sigurisë siç janë bankat, kazinot, aeroportet si dhe instalimet ushtarake. Disa prej kamerave CCTV janë të fiksuara në një pozicion të vetëm, kurse ekzistojnë edhe disa kamera të tjera që lejojnë lëvizjen e tyre në 360 shkallë për të pasur një pamje të plotë panorame. Kamerat e teknologjisë së fundit janë ndjekës të lëvizjeve (*motion-tracking*) dhe në mënyrë automatike përcjellin cdo lëvizje.

Regjistrim i hyrjeve fizike është një list e regjistrimit të individëve të cilët hyjnë në dhomën e sigurisë, kohën e hyrjes dhe kohën e daljes nga dhoma. Mbajtja e rregullt dhe e saktë e këtyre regjistrimeve është e vlefshme dhe konsiderohet si një mundësi alternative e sigurisë. Më parë regjistrat e qasjeve fizike kanë qenë dokumente origjinale ku përdoruesit janë nënshkruar në kohën e hyrjes dhe daljes, ndërsa tani këto dokumente gjenerohen në mënyrë automatike.

Kriptografia

Një element shumë i rëndësishëm në mbrojtje të informacioneve është arritja e sulmuesit te të dhënat por pamundësia për ti lexuar. Ky proces njihet si **kriptografi**. Kriptografia është shkencë e transformimit të informatat në një formë të pakuptueshmë gjatë transmetimit apo ruajtjes kështu që përdoruesi i paautorizuara nuk mund ti qaset asaj.

Përderisa kriptografia e shtrembron informacionin ashtu që nuk mund të jetë i lexuar, **steganografia** e fshesh ekzistimin e tij. Ajo çka duket si një imazh i parëndësishëm mund të përmbajë të dhëna të fshehta, zakonisht disa lloje të mesazheve, dhe të bashkangjitura brenda një imazhi. Steganografia e merr të dhënën, e ndan në pjesë të vogla, dhe e fsheh atë në pjesën e papërdorshme të fajllit siç është paraqitur në figurën në vijim.

Steganografia mund ti fsheh të dhenat në pjesën e epërme të fajllint (*file header*) i cili përshkruan fajllin, ndërmjet seksioneve në **metadata** (të dhënat që përshkruajnë përmbajtjen ose strukturën e të dhënave aktuale), ose edhe në hapësirën e fajllit që përmban përmbajtjen. Stenografia mund të përdor fajllat e imazheve, audio fajllat, ose edhe video fajllat që të përmbajnë informatat e fshehura[17].

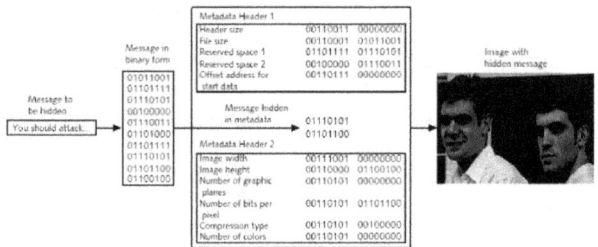

Figure 11-1 Data hidden by steganography

Figura 20 Fshehja e të dhënave përmes steganografisë

Institucionet e ndryshme qeveritare dyshojnë se grupet terroriste përdorin në vazhdimësi stenografinë për të shkëmbyer informatat ndërmjet veti.

Njëri nga kriptografistët më të njohur dhë më të vjetër ka qenë Juliu Cesar. Cesar ka lëviaur secilin shkronjë të mesazhit të vet për tri shkronja më parë në alfabet. P.sh shkronja **A** është ndryshuar me **D**, kurse shkronja **B** është ndryshuar me **E** dhe kështu me rradhe. Nëse marrim fjalën **UNIVERZITETI** atëherë në formën e kriptografizë cezarianë do të ishte **XQLYHUCLWHWL**. Ndërrimi i mesazhit nga forma origjinale në një mesazh sekret duke përdorur kriptografinë njihet si

enkriptim.[15] Kurse forma e konvertimit të mesazhit nga mesazhi sekret në atë origjinal quhet **dekriptim**. Të dhenat që janë në formën e paenkriptuar quhen **tekst i pashifruar** (*cleartext*).

Teksti i pashifruar që duhet të enkriptohet quhet tekst i thjeshte (*plaintext*).

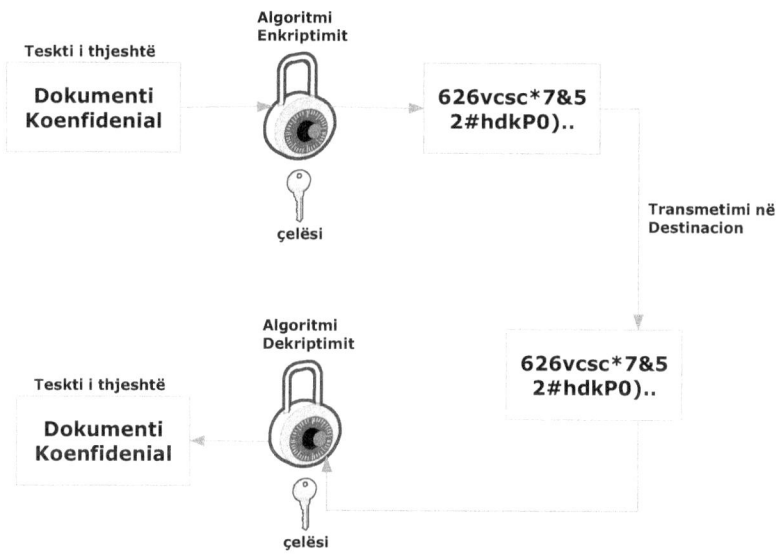

Figura 21 Procesi i Kriptografisë

Kriptografia dhe siguria

Kriptografia të ofron bazën e mirë për mbrojtje të informatave. Kjo bëhet përshkak se qasja në qelësat e algoritmit mund të kufizohen. Ekzistojnë pesë mbrojtje kryesore që kriptografia mund ti ofrojë:

- Kriptografia mund të mbrojë koenfidencialitetin e informatave duke siguruar se vetëm personat e autorizuara mund ta shohin atë. Psh. Kur kemi të bëjmë me informata privat, siç janë lista e aplikantëve të rinj për punë, ajo transmetohet nëpër internet ose ruhet në një server të caktuar, përmbajtja e saj mund të enkriptohet e cila kufizon vetëm individët e autorizuara të cilët e kanë qelsësin e algoritmit për të shikuar.

- Kriptografia mund të mbrojë integritetin e informatave. Integriti na siguron se informata është e saktë dhe se asnjë palë e paautorizuar apo sistem kompjuterike nuk e ka prekur atë. Meqë dokumentet e shifruara kërkojnë një qelës algoritmik për ta hapur atë para se të bëjmë ndryshimet në të, kriptografia në këtë mënyrë na siguron integritetin e tyre. Kështu që nga shembulli i kaluar, lista e aplikuesve mund të mbrohet dhe asnjë emër nuk mund të shtohet apo të fshihet.
- Kriptografia na ndihmon që të kemi ne dispozicion të dhënat, dhe vetëm palët e autorizuara mund ti qasen atyre. Meqë sistemi kompjuterike ku janë të ruajtura të dhënat duhet të jetë në dispozicion kur janë të nevojshme, pjesa harduerike dhe softuerike e cila i proceson te dhënat si dhe kontrolli i sigurisë që i mbronë ato duhet të jenë funksionale në çdo moment, përndryshe informatat nuk do të jenë në dispozicion. Në këtë rast, kriptografia e luan rolin e poseduesit të informacioneve.
- Kriptografia mund të verifikojë dhe origjinalitetin e dërguesit. Nga shembulli i mëparshëm, nëse lista e aplikantëve pretendohet se ka ardhur nga menaxheri, dhe

në realitet vjen nga një sulmues në rrjet, duke përdorur tipin e caktuar të kriptografisë, kjo mund të evitohet.

- Kriptografia mund të forcoj bllokimin e mospranimit (*non-repudiation*). Mopranimi është një proces of i verifikimit që një përdorues ka kryer një veprim, siç është dërgimi i një emaili apo edhe të një dokumenti. Kjo na lenë të kuptojmë se përmes karakteristikave të kriptografisë, mund të mohojmë ankesat e menaxherit se kinse ai nuk i ka pranuar asnjëherë listat e aplikantëve të rinj.

Karakteristikat	Përshkrimi	Mbrojtja
Koenfidencialiteti	Siguronse vetëm palëte autorizuara mund të shohin informacionet	Informatate enkriptuara mund të shihen vetëm nga ata të cilëte kanë qelësin
Integriteti	Siguronse informacioni është sakte dhese asnjë palëe paautorizuara nuk ka ndërhyrë në të	Informatate enkriptuara nuk mund të shihen përveq nga palëte autorizuara të cilate kanë qelësin
Disponueshmëria	Siguronse të dhënat janë të qas'shme për përdoruesite autorizuara	Palëte autorizuara ofrojnë qelësin për ti dekriptuar dhe për tiu qasur informacioneve
Authenticiteti	Ofron dëshmi për përdoruesine vërtetë	Kriptografia mund të vërtetojëse dërguesika qenëvalid dhe jo ndonjë mashtrues
Kundër-Mospranimit	Vërtetonse përdoruesika kryer ndonjë veprim	Kundër-Mospranimi kriptografiI pengon ndonjë individ që të ikë nga përgjegjësia e ndonjë veprimi jolegal

Figura 22 Mbrojtja e Informatave nga Kriptografia

Algoritmet në kriptografi

Ekzistojnë tri kategori të algoritmeve kriptografike. Këto njihen si: algotimet e përzierjes (*hashing algorithms*), algoritmet e enkriptimit simetrik dhe algoritmet e enkriptimit asimetrik.

Algoritmi më i thjeshte kriptografik që përdoret është algoritmit i përzier. Algoritmet e përziera më të përdorura janë: mesazhi i numëruar (Message Digest), Secure Hash Algorithm dhe përzierja e fjalëkalimeve.

Algoritmi **HASH**, që gjithashtu njihet edhe si përzierje një drejtimëshe është një proces i krjimit të një nënshkrimi (*signature*) unik për një grup të të dhënave. Kjo ndryshe njihet edhe si përzierje që prezanton përmbajtjen. Edhe pse kjo përzierje konsiderohet si një algoritëm kriptografik, funksioni i tij nuk është që të krijojë tekste të shifruara të cilat më vonë mund të deshifrohen nga pala pranuese. Në vend të kësaj, hashingu përdoret vetëm për integritet që të sigurojë se informata është në formën origjinale dhe asnjë person i paautorizuara apo ndonjë intervenim sistemor nuk e ka prekur atë. Hasin përdoret në mënyrë strike për krahasime.

Një hash i cili është krijuar nga një strukturë e të dhënave nuk mund të kthehet mbrapa. Për shembull, nëse **12,345** është shumëzuar me **143** rrezulltati është **1,765,335**. Nëse numri 1,765,335 i është dhënë përdoruesit dhe atij i kërkohet të gjenden dy numrat origjinal që janë përdorur për të krijuar numrin 1,765.335, praktikisht është e pamundur për përdoruesin që të punoj nga mbrapa dhe të nxjerr numrat origjinal. Arsyeja e vetme është se këtu këmi të bëjmë me shumë mundësi matematikore duke filluar nga (1765334+1, 1665335+100000 etj). Hashing nënkupton se ti mund ti nxjerrësh dy numra për ta krijuar një vlerë të re, por është e pamundur të kthehesh mbrapa që ti gjesh vlerat e përdorura.

Një shembull praktik i përdorimit të algoritmit hash është në kartelat e aparateve bankare ATM (*automativ teller machine*)[19]. Ky numër është i përzier dhe teksti i shifruar i nxjerrur është i ruajtur në një shirit magnetik mbrapa karteles. Kur një klient afrohet tek aparatet bankare dhe e fut kartelën brenda, atij i kërkohet që të shkruajë shifrën PIN që e ka marre nga autoritetet bankare apo edhe e ka ndërruar. Pas kësaj, ATM e merr shifrën PIN nga klienti dhe e përzien atë me algoritmin e njejtë të përdorur për krjimin e tekstit të shifruar në kartelë. Nëse këto dy vlera përputhen, atehrë klienti mund ti përdorë shërbimet e ATM.

Ekzistojnë disa arsye pse bankat përdorin algoritmin hash për aparatet bankare. Njëra nga arsyet që më së shumti përdoret është, nëse një sulmues tenton të vjedhë kartelën, atëherë ai nuk mundet të gjejë shifrën PIN nga teksti i shifruar prap kartelës në shiritin magnetik. Pajisja ATM nuk ka nevojë që të ruaj shifrën PIN e as ta kërkojë atë nga ndonjë bazë e të dhënave. Algoritmi HASH përdoret për të verifikuar saktësinë e të dhënave pa i ekspozuar të dhënat te sulmuesit.

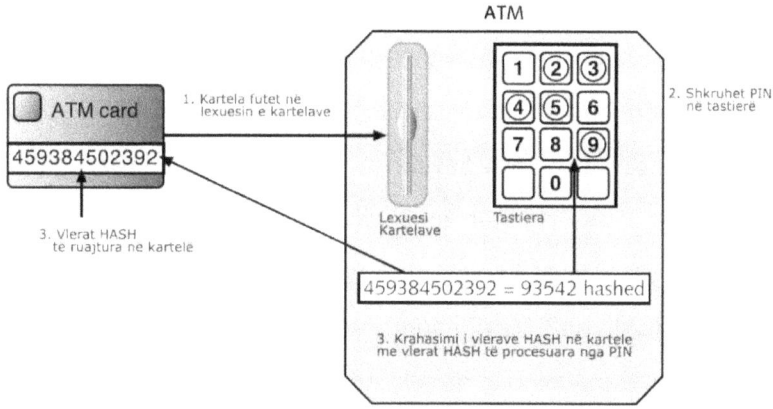

Figura 23 Procesi HASH në ATM

Algoritmi HASH konsiderohet i sigurtë nëse i ka këto karakteristika:

- Teksti i shifruar ka madhësi fikse. Një hash i një strukture të shkurtë të të dhënave do të prodhojë madhësinë e njejtë të hash sikur një strukturë e gjatë e të dhënave.

- Dy struktura të ndryshme të të dhënave nuk mund të prodhojnë hash të njejtë, i cili njihet si konflikt (*collision*). Hash është sensitiv saqë ndryshimi i një shkronje të vetme nga e vogël në të madhe apo e kundërta do të prodhojë një hash komplet të ndryshëm.
- Nuk është e mundur që të prodhojmë një strukturë të të dhënave i cili ka hashin që e dëshirojmë ne.
- Teksti i shifruar i dalur nga HASH nuk mund të rikthehet në mënyrë që të gjejmë tekstin origjinal

Hashing përdoret për të caktuar integritetin e një mesazhi ose përmbajtje të një fajlli. Në këtë rast, hash përdoret si një kontrollues për të verifikuar përmbajtjen e mesazhit. Kur të krijohet një mesazh, krijohet gjithashtu edhe hash bazuar në përmbajtjen e mesazhit.[20] Transmetimi bëhet në të njejtën kohë edhe për HASH edhe për mesazh. Nëse hash-i origjinal është i njejtë me hash që e dërgojmë tani atëherë mesazhi nuk ndryshohet. Megjithatë, nëse një sulmues kryen një **sulm nga mesi** (*man-in-the-middle attack*) të transmetimit dhe ndryshon mesazhin, atëherë vlerat e hash nuk do të përputhem.

Duke përdorur hashin për mbrojtje kundër sulmeve në mes si në figurën:

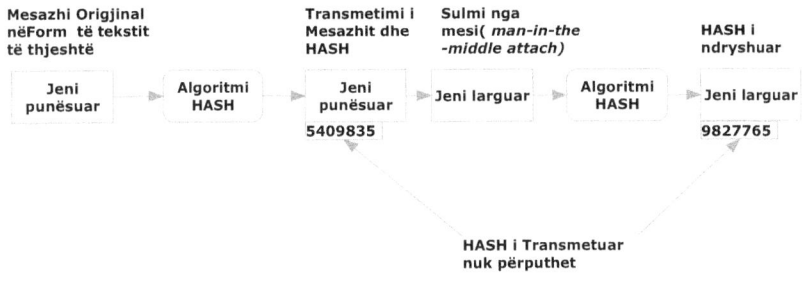

Figura 24 Sulmi i mundshëm nga mesi (*man-in-the-middle attach*) në HASH

Kemi shumë raste kur vlerat HASH postohen në internet nëpër faqe të ndryshme për të verifikuar integritet e fajlli apo të fajllave të cilët mund të shkarkohen. Këto publikime të vlerave HASH bëhen për të vërtetuar se fjalli është pranuar i saktë dhe nuk ka pasur ndonjë ndërhyrje nga sulmet e timit main-in-the-middle apo ndonjë gabim gjate transmetimit. Përdouresi mund të shkarkojë fajllin dhe pastaj të kryej një HASH proces përmes aplikacioneve të caktuara, të marrë vlerat origjinale dhe ti krahasoj ato me vlerat e publikuara në faqe. Nëse këto vlera përputhen atëherë nënkupton se fjallit i është ruajtur origjinaliteti.

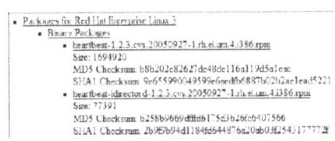

Figura 25 Vlera HASH të postuara

Pasqyrimi i Mesazhit (*Message Digest MD*)

Një tjetër algoritëm i formës hash është gjithashtu edhe algoritmi Pasqyrimi i Mesazhit (*Message Digest*), i cili ekziston në tri verzione. Message Digest 2 (MD2) i cilli e merr tekstin e thjeshtë të cilësdo gjatësi dhe krijon një hash me 128bita të gjatë. MD2 fillon duke e ndarë mesazhin në seksionin prej 128bit. Nëse mesazhi është më i shkurtë 128 bit, atëherë një e dhënë e njohur si mbushje (*padding*) i shtohet. Për shembull, nëse një mesazh prej 10 byte është abcdefghij, MD2 do ta mbush mesazhin për të bërë abcdefghij666666 për të krijuar gjatësinë prej 16 byte (128 bit).

Mbushje gjithmonë është numri i bajtëve të cilët duhet të shtohen për të krijuar gjatësinë prej 16 bajt; në këtë shembull, mbushja është 6 sepse 6 bajtë na duhet ti shtojmë në mesazhin origjinal prej 10 bajtëve. Pas mbushjes, shuma kontrolluese (*checksum*) prej 16 bajtëve na paraqitet në mesazh. Mëpastaj, i gjithë vargu procedohet për të krijuar një hash prej 128 bitëve. MD2 është zhvilluar në vitin 1989 si dhe është optimizuar për të punuar në kompjuterët e bazuar më procesorë Intel të cilën përpunojnë 16 bita në të njëjtën kohë. MD2 konsiderohet shumë i ngadalshëm dhe përdoret shumë rrallë.

Message Digest 4 (MD4) është zhvilluar në vitin 1990 për kompjuterët të cilët procesojnë 32bitë në të njejtën kohë. Sikur MD2 ashtu edhe MD4 merr tekstin e thjeshtë dhe krijon hash prej 128 bitave. Mesazhi i tekstit të thjeshtë mbushet në gjatësinë prej 512 bit në vend të 128 bitave siç ishte në MD2. Të metat në MD4 algoritmin kanë bërë që ky version i MD të mos përdoret gjithaq.

Message Digets 5 (MD5), një version i rishikuar i MD4, është krijuar në vitin 1991 nga Ron Rivest dhe është dizajnuar që të përmirësojë të metat e MD4. Ashtu sikur MD4, gjatësia e mesazhit është mbushur në 512 bit. Algoritmi hash pastaj përdor katër variabla të 32 bitëve secila në modelin round-robin për të krijuar një vlerë e cila është kompresuar për të gjeneruar hash-in. Në mes të viteve 1990, janë zbuluar dobësitë në funksionin e kompresimit të cilat mund të qojnë deri të konflikti, ndërsa 10 vite më vonë deri në sulmet e suksesshme në MD5. Shumë ekspertë të sigurisë kanë rekomanduar që versionet e algoritmit MD duhet të zëvendësohen më një algoritëm tjetër më të sigurtë.

Secure Hash Algoritm (SHA)

Një hash më i sigurtë se MD është Algoritmi i Përzier i Sigurisë (*Secure Hash Algorithm*). Ashtu sikur MD, edhe Algoritmi i Përzier i Sigurisë është pjesë e familjes së hash. Algoritmi SHA është patentuar pas algoritmit MD4, por i cili krijon një hash prej 160 bita të gjatë në vend të 128 bitëve.[18] Sa më i gjatë të jetë hash aq më shumë rezistencë ndaj sulmeve do të ketë. SHA mbush mesazhet që janë më të vogla se 512 bit me zero si dhe ndonjë integjer që përshkruan gjatësinë origjinale të mesazhit. Mëpastaj mesazhi i mbushur aktivizohet përmes algoritmit SHA për të prodhuar HASH-in.

Përzierja e Fjalëkalimeve (*Password Hashes*)

Një përdorim tjetër i hash-it është në ruajtjen e fjalëkalimeve. Kur të krijohet një fjalëkalim për një llogari, passwordi bëhet hash dhe ruhet. Kur përdoruesi të shkrun fjalëkalimin për tu kyqur, password mëpastaj bëhet hash dhe krahasohet me versionin hash që e ka të ruajtur. Nëse këto dyja përputhen atëher përdoruesit i lejohet qasja.

Kompania Microsoft dhe platforma e tyra Ëindoës (2000, XP, Server 2003, Vista, 7) passëordët i bën hash në dy forma të ndryshme. Forma parë është e njohur si LM (LAN Manager). Forma LM përdor funksionin njëdrejtimësh të kriptografisë. Në vend se të enkripton fjalëklimin me tjetër qelës, ai në të njejtën kohë është edhe vet qelës. Më vonë është zbuluar edhe forma tjetër Teknologjia e Re e Lan Manager e cili konsiderohet si një nga algoritmet e forta të hash.

Shumica e sistemeve operative Linux përdorin algoritmet siç janë MD5, të cilët mund të pranojnë fjalëkalime të gjata. Verzionet e vjetra të Linux-it përdorin algoritmet e vjetruar të cilat lejojnë vetëm fjalëkalimet prej 8 shkronja. Sistemi operativë Mas OS X i kompanisë Apple përdor SHA si algoritëm për passëord.

Kriptimi Simetik dhe asimetrik

Algoritmet origjinale kriptografike për dokumentimin e enkriptimit dhe dekriptimit janë algoritmet kriptografike simetrike.

Algoritmet kriptografike simetrike përdorin qelësin e njejtë dhe për të enkriptuar dhe dekriptuar mesazhin. Për dallim nga hashing-u në të cilin hash nuk kishte qëllimi për të dekriptuar, algoritmet kriptografike simetrike janë të dizajnuara që të dekriptojnë tekstet e shifruara (ciphertext). Është esenciale që qelësi i enkriptimit dhe dekriptimit të mbahet koenfidencial përshkak se nëse një sulmues e zbulon qelësin atëherë i mundet që të dekriptoj të gjitha mesazhet e enkriptuara. Për këtë arsye enkriptimi simetrik gjithashtu quhet edhe **kriptografi e qelësit privat.**

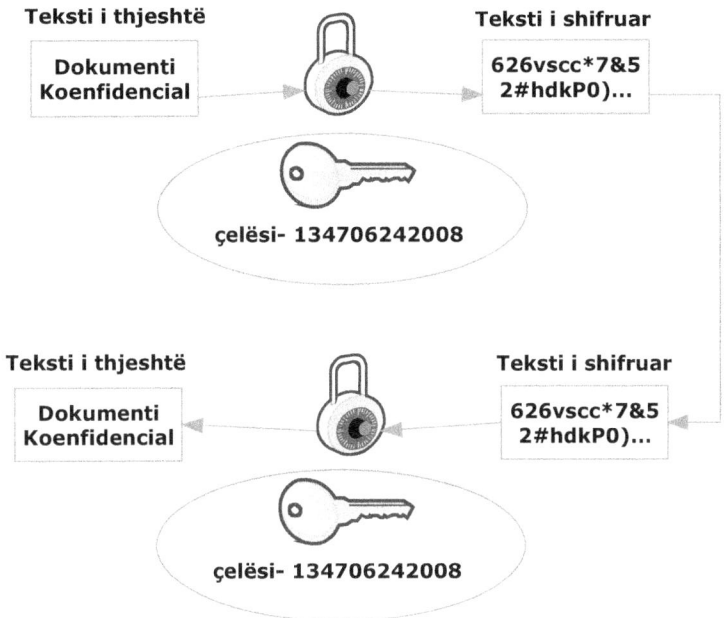

Figura 26 Kriptografia simetrike

Algoritmet simetrike mund të klasifikohen në dy kategori, bazuar në sasinë e të dhënave të cilat procedohen në të njejtën kohë. Kategoria e parë quhet shifra rrjedhëse (*stream cipher*). Shifra rrjedhëse e merr një shkronjë dhe e ndërron atë me një karakter tjetër.

Figura 27 Procesi i shifrimit

Metoda më e thjeshtë e Shifrave Rrjedhëse është ndërrimi i shifrave. Ndërrimi i shifrave në mënyrë te thjeshtë e ndërron një shkronjë me një tjetër. Kjo gjithashtu njihet edhe si **ndërrimi i shifrave monoalfabetike**, kjo mënyrë është e lehtë për tu thyer. Kurse metoda tjetër që quhet **ndërrimi i shifrave homoalfabetike** një karakter e ndërron me shumë katarakteve të tekstit të shifruar, p.sh një shkronje B e ndërron me RKS.

A B C D E F G H I J K L M N O P Q R S T U V W X Y Z - Shkronjate thjeshta
Z Y X W V U T S R Q P O N M L K J I H G F E D C B A - Shkronjat zëvendësuese

Figura 28 Shifrimi përmes ndërrimit

Një rrjedhje e shifruar më e komplikuar është **zhvendosja shifrore** (*transposition cipher*) e cila i korrigjon shkronjat pa i ndryshuar ato. Një kolonë e vetme në zhvendosjen shifrore fillon duke gjetur një qelës dhe duke i'a vendosur një numër secilës shkronjë të qelësit. Dukurisë së parë të shkronjës A i është vendosur numri 1, dukurisë së dytë i vendoset numri 2 si dhe dukurisë së trëtë i vendoset numri 3. Këtu nuk ka shkronja B ose C kështu që shkronja e ardhshme D, vendoset me numrin 4. Teksti i thjeshte është i shkruar në rreshta poshte qelësit dhe numrave të rinjë. Pastaj secila kolonë ekstraktohet bazuar në vlerat numerike: kolona poshtë numrit 1 është shkruar e para, pastaj kolona poshtë numri 2 është shkruar në rradhë etj.

Algortimet e kriptografisë asimetrike

Tipi më i ri i algoritmeve kriptografike për enkriptimin dhe dekriptimin e dokumenteve është algoritmi i kriptografisë asimetrike. Kjo përshin RSA, Diffie-Hellmn dhe Elliptic curce kriptografi.

Njëra nga të metat kryesore në algoritmin e enkriptimit simetrik është mbajtja e një qelësi të vetëm të siguris. Mbajtja e një qelësi të vetëm për shumë përdorues, shpesh të shpërndarë gjeografikisht të paraqet sfida shumë serioze. Nëse personi A dëshiron të dërgoj një mesazh të enkriptuar te Personi B duke përdorur enkriptimin simetrik, Personi A duhet të sigurohet se Personi B e ka qelësin për dekriptimin e mesazhit.

Personi A nuk mund të dërgojë dokumentin përmes Internetit përshkak se ekziston rreziku që ai dokument të qaset nga ndonjë sulmues.

Qasja e algoritmit te kriptografisë asimetrike është komplet e kundërt nga ajo simetrike. Algoritmi i kriptografisë asimetrike njihet ndryshe edhe si kriptografi e qelësit publik. Enkriptimi asimetrik i përdorë dy qelësa. Këta qelësa janë të lidhur në mënyrë matematikore dhe njihen si qelësi publik dhe ai privat.[17] Qelësi publik është i njohur për të gjithë dhe mund të shpërndahet lirshëm, përderisa qelësi privat është i njohur vetëm për pranuesin e mesazhit. Nëse personi A dëshiron të dergojë mesazh tek Personi B, ai përdor qelësin publik të Personit B për ta enkriptuar mesazhin. Personi B mëpastaj e përdor qelësin e vet privat për ta dekriptuar atë.

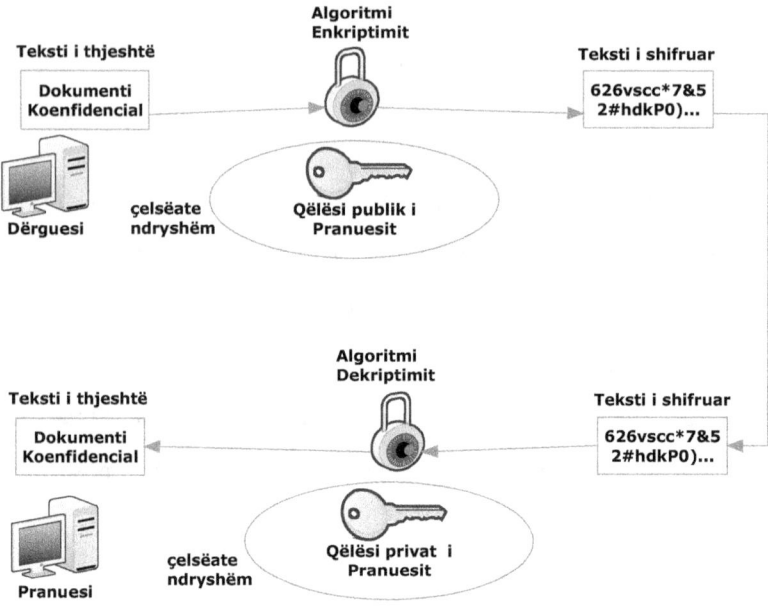

Figura 29 Kriptografia asimetrike

Një mënyrë për të menduar lidhur më qelësat e dyfishtë në kriptografinë asimetrike është që të marrim në konsiderat një punëtorë i cili ka një zyrë në një ndërtesë. Cdo punëtorë mund të kërkojë një qelës për derën e jashtme të ndërtesës dhe secili qelës për derën e jashtme është identik. Qelësi i Personit A mund të hap derën e jashtme sikur qelësi i Personit B. Megjithatë, secili punetorë e ka gjithashtu qelësin e dytë i cili e hap vetëm derën e zyrës përkatëse. Secili nga këta qelësa është unik. Nëse Personi A dëshiron të punojë në zyrë, atëherë ai e përdorë qelësin e derës së jashtme si qelës publik për të hapur derën, ndërsa qelësi i zyrës së tij konsiderohet si qelës privat.

Menaxhimi i Rrjetit dhe i Sigurisë
Në sistemet kompjuterike respektivisht në aplikacionet që funksionojnë

në rrjet, Serveri luan një rol kyq në infrastrukturën e rrjetit dhe një dëmtim më i vogël në një server të vetëm të një aplikacioni kyq mund të ketë efekte të mëdha. Kjo pikë e dështimit, ku humbja e një entiteti mund të shkaktoj telashe në gjithë organizatën/kompaninë, ka rezultuar më kursimin e ndërrimit të pjesëve të prishura në një server apo edhe gjithë serverin. Mirëpo koha që nevojitet për të ndërruar një pjesë apo edhe për të shtuar një server si dhe më pastaj për ta instaluar softuerin mund të jetë e gjatë për një organizatë/kompani.

Qasja më e mirë për organizata/kompani është që të dizajnojnë një infrastrukturë të rrjetit ashtu që shumë serverë inkorporohen në një si dhe aplikacionet paraqitet si një burim i kompjuterit. Një mënyrë për ta bërë këtë është duke përdorur **server kopje (***cluster server***).** Një server kopje është kombinim i dy ose më shumë serverëve të cilët janë të ndërlidhur për të funksionua si një i vetëm.

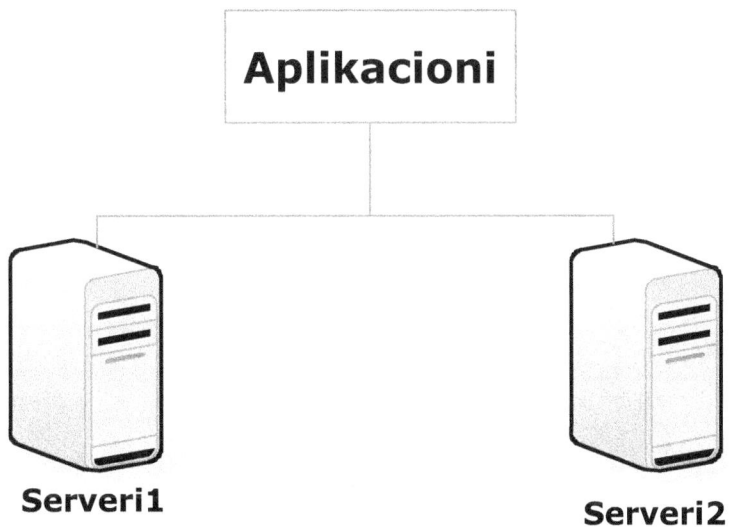

Figura 30 Server Kopje (*cluster*)

Ekzistojnë dy lloje të serverëve kopje. Në një **server kopje asimetrike** ekziston serveri i gatshëm për të marrë punën e serverit tjetër në moment të dështimit. Serveri i gatshëm nuk kryen asnjë punë tjetër përveq se të jetë në gjendje gatshmërie në momentin që nevojitet. Serverët kopje asimetrike përdoren për të ofruar aplikacione në dispozicion të lartë të cilët kërkojnë nivelin e lart të veprimeve në lexim dhe shkrim, siç janë bazat e të dhënave, sistemet e mesazheve si dhe shërbimet e fajlave dhe të shtypit.

Në **serverët me kopje simetrike**, secili server në kopje kryen punë të rëndësishme. Nëse një server dështon, serverët e mbetur vazhdojnë të kryejnë punën normale dhe gjithashtu edhe punën e serverit të dështuar. Kopjet simetrike janë më të shtrenjta sepse ato kanë përparësinë e të gjithë serverëve. Serverët kopje simetrike përdoren më së shumti në ambientet në të cilat serveri primar përdoret për një grup të aplikacioneve në veçanti. Kopjet simetrike më së shumti përdorën për Web Serverë, Media Serverë dhe VPN Serverë.

Përshkak të lidhjes shumë komplekse të rrjetave në ditët e sotme, rrjetet redundante janë gjithashtu të nevojshme. Një rrjet redudant është një rrjet që rrin në prapaskenë gjatë operacioneve normal dhe përdor një teknikë të replikimit për ti mbajtur kopjet e informacioneve të rrjetit real. Në rast të fatkeqësive, rrjeti redundant aktivizohet në mënyrë automatike. Rrjeti redundant na siguron se shërbimet e rrjetit janë gjithë kohën në dispozicion.

Në mënyrë virtuale të gjitha komponentet mund të duplifikohen për të ofruar një rrjet redundant. Disa prodhues ofrojnë switch dhe ruterë të cilat kanë portin primar aktiv si dhe portin ndihmës. Nëse një paketë nuk është detektuar në portin aktiv primar, atëherë në mënyrë automatike porti ndihmës kujdeset për të. Gjithashtu edhe shumë switch dhe ruterë në mënyrë automatike mund të integrohen në infrastrukturën e rrjetit.

Zbatimi i procedurave të rregullmit në rast të fatkeqësive

Në përgjithësi, progresi i rikthimit fokusohet në kthimin e resurseve teknologjike dhe kompjuterike në gjendjen e mëparshme.

Procedurat e rikthimit nga fatkeqësitë përfshijnë planifikimin, ushtrimet në rast të fatkeqësive si dhe performimin e kopjeve rezerve të shënimeve.

Planifikimi

Plani për rikthim nga Fatkeqësitë (*Disaster Recovery Plan*) është një dokument i shkruar i cili detalizon procesin e rikthimit të ndonjë veprimi i cili ka shkaktuar ndalesa në shërbime. DRP është një plan gjithëpërfshirës i cili duhet të jetë një dokument i metalizuar dhe i cili azhurohet rregullisht.

Janë disa variante të ndryshme të planifikimeve për ndonjë fatkeqësi. Njëra nga qasjet është që të definojë nivelin e rrezikut në veprimet e organizatës/kompanisë, bazuar në forcën e fatkeqësisë. Një model për institucionet edukative dhe universitare është si më poshtë:

Te gjitha planet për rikthim janë të ndryshëm, por pothuajse të gjitha i adresojnë karakteristikat e njëjta siç janë:

- Qëllimi dhe arsyeja e përgaditjes së planit, çfarë të përfshihet në të.
- Ekipi i rikthimit – Është përgjegjës për drejtimin e fatkeqësisë, planit të rikthimit që duhet të jete i qartë në implementim. Është e rëndësishme që cdo anëtar i ekipit të dijë detyrat dhe përgjegjësitë e veta dhe të jetë i trajnuar në mënyrë adekuate. Kjo pjesë e lanit rishikohet ne vazhdimësi, në varësi të lëvizjeve të stafit nga organizata/kompania, ndryshimi i numrave telefonik apo edhe ardhja e punëtorëve të rinj.
- Përgaditja për fatkeqësi – Ekipi i liston entitetet dhe shkaktarët që mund të ndikojnë në fatkeqësi si dhe procedurat dhe mbrojtjet me qëllim që të minimizojë rrezikun nga fatkeqësitë.
- Procedurat e Emergjencës – Këto procedura realizohen në bazë të pyetjeve: Cka duhet të bejmë në rast të fatkeqësisë?
- Procedurat e rikthimit: Pas një reagimi të shpejtë, që mundëson kthimin në punë dhe funksionimin, duhet të vazhdohet me rikthimin e plotë të punës.

Kopjimi i të dhënave (*Data Backup*)

Një element kyq në DRP është edhe kopjimi i të dhënave. Kopjimi i të dhënave nënkupton ruajtjen e shënimeve në një medium tjetër larg nga lokacioni i cili mund të përdoret vetëm në rast të fatkeqësive apo edhe prishjeve eventuale.

Nëse dëshirojmë të krijojmë një kopje rezervë të shënimeve, këtë mund ta bëjmë duke ju përgjigjur pesë pyetjeve të rëndësishme:

1. Cfarë informata duhet të ruajmë?
2. Sa shpesh duhet ti kopjojmë ato?
3. Cfarë mediumi duhet të shfrytëzohet?
4. Ku duhet të ruhen këto kopje?
5. Cfare hardueri dhe softueri duhet të përdoret?

Ekzistojnë katër lloje të kopjimit të të dhënave: kopjim i plotë, kopjim diferencial, kopjim inkremental si dhe kopjim selektiv.

Tipi i kopjes	Përshkrimi	Si të përdoret	Bitzate arkivuarepas kopjes
Kopje komplete	Kopjon të gjitha fajllat	Pjesee kopjeve rregullar të planifikuara	Pastërt
Kopje Diferenciale	Kopjon të gjitha fajllat prej kompjimit të fundit	Pjesee kopjeve rregullar të planifikuara	Jo i pastërt
Kopje inkrementale	Kopjon të gjitha fajllat që kanë pësuar ndryshime	Pjesee kopjeve rregullar të planifikuara	Pastërt
Kopje selektive	Kopjon fajllate selektuar	Kopjon fajllat në lokacion të ri	Jo i pastërt

Figura 31 Tipet e kopjimit

Implementim Praktike i një rrjeti kompjuterik përfshirë dhe sigurinë

Kërkesat e përdoruesit

Informata të përgjithshme:
Rrjeti I përgjtshshëm përfshin Rrjetin e Zonave Lokale (*Local Area Network*) në secilin rrjet individual si dhe një Rrjet I Zonave të Zgjeruara

(*Wide Are Network*) për lidhje me ndërmjet qendrave të tjera. Secila pjesë duhet të jetë e lidhur në internet.

Kjo pjesë e rrjetit të kampusit shkollor do të kërkojë një grup të servërëve për të lehtësuar automatizimin e sistemit, qasjes administrative dhe të materialve mësimore.

Këtë rrjet n e e planifikojmë për nëj peroudhë prej 5 – 7 vite me rritje prej 100% në rrjetin local (LAN) dhe 100% rritje në rrjetin e zgjeruar (WAN). Shpejtësia minimale e secilës pajisje në rrjeti që kërkohet duhet të jetë 1.0 MegaBit per second (Mbps), ndërsa shpejtësia e kërkuar për cdo pajisje në server duhet të jetë 100Mbps. TCP/IP dhe IPX janë dy protokolet e vetme që do të përdoren si shtresa 3 dhe 4 të modelit OSI.

Rrjeti I zonave lokale dhe skema e lidhjeve:

Rrjeti LAN në kampus do të jetë nga dy tipe. Ethernet 10BaseT, 100BaseT dhe 100BaseFx do të jetë shpejtësia e transmetimit.. Për shtritjen e kabillimit horizontal do të përdore kabllo e tipi CAT5 UTP (*Category 5 Unshielded Twisted Pair*),e cila do të ketë kapacitetin për shpejtësi deri në 100mbps. Kablli kryesor vertikal do të jetë UTP I katëgorisë 5 ose fibër optic me transmetim multimode. Të gjitha kabllot do të jenë me standardet EIA/TIA 568.

Një rrjet LAN do të shfrytëzohet për qasje nga studentët në materialet administrative dhe mësimore. Rrjetet LAN do të jenë të bazuara në komutimin Ethernet (*Ethernet Switching*), I cili do të përdorej për shpejtësi më të mëdha ndërmjet pajisjeve në rrjet si dhe MDF/IDF do të azhurojnë pjesët e rrjetit fizik.

Objekti kryesor shpërndarës MDF (*Main Distribution Fascility*) do të jetë I vendsour në qendër I cili do të jetë gjithashtu edhe si Pikë e Prezences (*Point of Presence*) për lidhjen WAN. Të gjithë ruterët dhe komutuesit (*switches*) do të jenë të vendosur në këtë hapësirë. Përshkak të madhësisë së kampusit do të na duhet të krijojmë edhe disa objekte vazhduese të shpërndarjes (*Intermediate Distribution Facility IDF*) të cilat do të kenë disa komutues (*switches*). Të gjithë IDF do të jenë të lidhur në MDF në topologjinë e konfiguracionit **yll** ose **yll I vazhdueshëm**.

Secila zyrë në rrjet do të përkrahë 24 kompjuterë për student të cilët punojnë me kabëll CAT5 UTP. Megjithatë, njëri nga këta është I rezervuar për kompjuterin e profesorit (njëri nga 24 kompjuterët për student). Kabllat nga zyret do të jenë të kyqura në pikën më të afërt të MDF ose IDF. Të gjitha kabllat e tipit CAT5 UTP do të testohen nga pika në pikë për të siguruar kapacitetin prej 100Mpbs. Për ti ikur, prekjeve të pajisjeve nga studentët dhe profesorët, secila zyra do të pajise me një dollap në murë në të cilën do të vendosen të gjitha kompentet elektrike (hub/përforcuesit, etj). Shërbimet e të dhënave do të shpërndahen përmes zyreve. **Rrjeti 1** do të jetë për student, kurse **Rrjeti 2** do të jetë për administratë.

Të gjitha fajllat dhe serverët do të vendose në topologjinë r rrjetit, bazuar në funksione dhe veprimet që nevojiten.

Shërbimet e emailave dhe Shërbimi I Emarave të Domenit (*Domain Name Service*):

Secili përqëndrues (*HUB*) do të përmbajë një server DNS për të përkrahur shërbimet individuale shkollore përmes atij lokacioni. Kampusi univerzitar gjithashtu do të ketë një DNS dhe shërbime të emailave. Shërbimet e emailave do të përmbajnë do të përmbajnë të gjithë studentët dhe personelin.

Serveri Administrativ:
Kampusi univerzitar do të ketë një Server Administrativ I cili do të përdorë protokolin TCP/IP. Këto do të regjistrohen të gjitha detalet që lidhen me studentët dhe këto informata do të jenë në dispozicion të profesorëve dhe stafit.

Serveri I bibiotekës:
Do të jetë aktiv përmes protokolit TCP/IP I cili do të jetë I qasshëm për të gjithë.

Adresimi dhe Menaxhimi I Rrjetit:
Zyrat qendrore do të zhvillojnë një skemë të adresimit/emërtimit për të gjitha kompjuterët, serverët dhe rrjetat si dhe pajisjet e ndërlidhura. Asnjë model tjetër I adresimit nuk do të lejohet. Adresimi static do të jetë për pajisjet e Administratës.

Rrjeti me materialet mësimore do të caktohet përmes adresimit automatic DHCP.

Siguria:
Teknologjia e mbrojtjes së dyfishtë do të përdoret për tu mbrojtur nga sulmet përmes internetit. Lidhja ndërmjet 3 rrjeteve logjike që do të sigurohen janë: Administrative, Materialve mësimore si dhe qasjes e jatshme. Serverët do të vendosen në një nga dy rrjetet fizike LAN sipas nevojës. Listat e Kontrollit të qasjes ACL në ruter do të sigurojnë se

trafiku nga qasja locale në materialet mësimore nuk do ketë qasje në administratë. Në varësi të kërkesave mund të ndryshohen materialet. Shërbimet e emailave dhe direktoriumeve do të lejohen të qasen pa rrezik.

Lidhja e Internetit:

Për të gjithë rrjetin do të ketë vetëm një linjë të internetit. Shpejtësia do të rritet në varës të nevojave. Do të aplilohet teknologjia e dyfishtë e mbrojtjes. Listat e kontrollit të qasjes do të aplikohen në Ruterë dhe Fireëall. Shërbimet e emailave dhe DNS do të lejohen me qasje të plotë pa rrezik. Një ëeb server do të jetë I vendosur në rrjetin publik, duke lejuar qasjen për argëtim.

Dizajni logjik rrjetit LAN

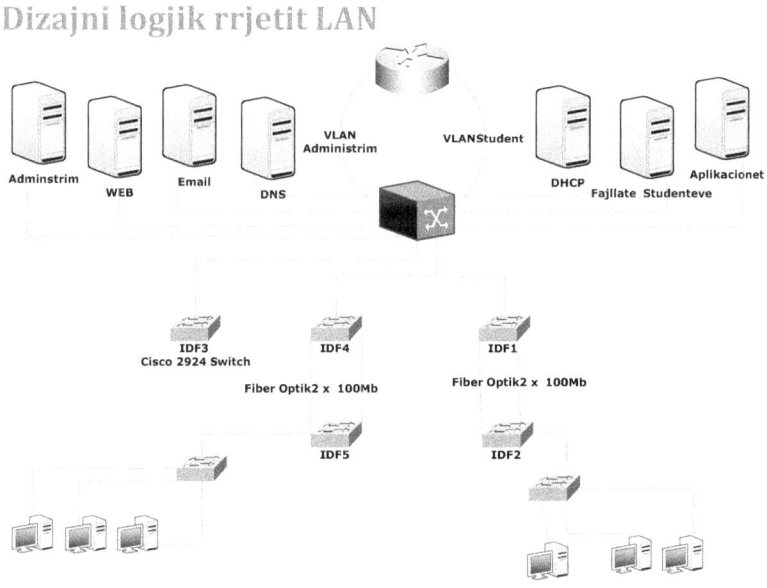

Dokumenti I dizajnimit fizik

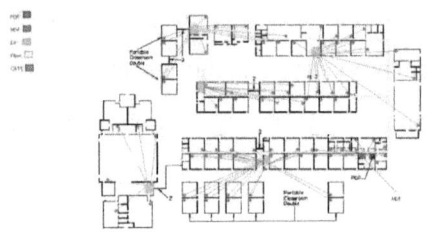

Detalet e dhomave MDF/IDF

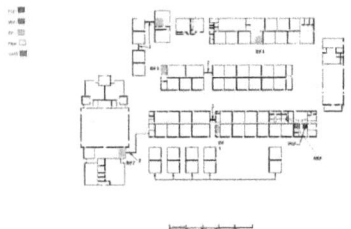

Kabëll Fibër

Lidhja ndërmjet MDF në të gjitha IDF do të bëhrët përmes fibërit opitk në të cilin do të nevojiten 2500m

Quantiteti dhe tipi I kabllove
Totali I nevojshëm I kabllit të kategorisë CAT5 : 19,128 metra

Tipi I Fibrit: Multi-mode.

Totali I nevojshëm I Fibrit : 2,500 metra

Skema e IP Adresimit

Detalet e Subnetimit

Kampusi ynë e ka këtë rrjet të IP Adresimit 10.3.48.0/20 I cili është I nënrrjetizuar (subnetet) në këtë nënrrjet që do të kenë 510 IP për cdo nënrrjet

- 10.3.48.0/23 – Rrjeti Administrativ
- 10.3.50.0/23 – Rrjeti Administrati
- 10.3.52.0/23 – Rrjeti I Studentëve
- 10.3.54.0/23 – Rrjeti I Studentëve
- 10.3.56.0/23 – Rrjeti I Studentëve
- 10.3.58.0/23 – Rrjeti I Studentëve
- 10.3.60.0/23 – Rrjeti I Studentëve

Rrjeti Administrativ

10.3.48.1/23	Router Interface E0 (LAN Administrues)
10.3.48.2->10.3.49.254	Komutuesit (*Switches*)
10.3.49.10	Domain Name Server
10.3.49.11	Serveri per email
10.3.49.12	Serveri për ËEB

10.3.49.13	Serveri për Fajlla Administrativ
10.3.49.14	Menaxhimi I Serverit
10.3.49.20->10.3.49.254	IP Adresa Statike për Personelin
10.3.50.1/23	Router Sub-Interface E0 (Admin LAN)
10.3.50.20->10.3.51.254	IP Adresa Statike për Personelin

Rrjeti I Studentëve

10.3.52.1/23	Router Interface E1 (Rrjeti LAN për Studentë)
10.3.52.10	Serveri I Biblotekës
10.3.52.11	Serveri I Aplikacioneve
10.3.52.12	Serveri për fajllat e Studentëve
10.3.52.13	Serveri DHCP
10.3.54.1	Router Sub-Interface E1 (Rrjeti LAN për Studentë)
10.3.56.1	Router Sub-Interface E1 (Rrjeti LAN për Studentë)
10.3.58.1	Router Sub-Interface E1 (Rrjeti LAN për Studentë)

10.3.60.1	Router Sub-Interface E1 (Rrjeti LAN për Studentë)
10.3.52.20->10.3.53.254	DHCP adresat për IDF 1
10.3.54.2->10.3.55.254	DHCP adresat për IDF 2
10.3.56.2->10.3.57.254	DHCP adresat për IDF 3
10.3.58.2->10.3.59.254	DHCP adresat për IDF 4
10.3.60.2->10.3.61.254	DHCP adresat për IDF 5

Karakteristikat positive dhe negative

Pozitive

- Dizajnimi I rrjeti ka mundësi të zgjerimit
- Vendosja e serverëve ka minimizuar trafikun nëpër Ruter
- Struktura e IP Adresimit mundësin shtimin e serverëve në të ardhmen

Negative

- Më shumë redundancë do të mund të shtohet por që do të rritet kosto
- Adresat e caktuara në IP 10.3.48.0/24 nuk ka hapësirë të mjaftueshme që ti plotësojë nevojat për të gjithë studentët e mundshëm

- Meqë server I aplikacioneve do të ketë punë intensive, do të ishtë më e mirë që të vendosen dy server për të minimizuar trafikun përmes ruterit

Objektivat e mësuara

- Komutimi Ethernet (*Ethernet switching*) e rrit disponueshmërinë e shpejtësisë në rrjet duke krijuar segment të dedikuara të rrjetit
- VLAN janë grupe të pajisjve në rrjet ose shfrytëzues të cilat nuk e ndajnë komutimin në mënyrë fizike
- VLAN funksionojnë në Shtresën 2 dhe 4 të modelit OSI
- VLAN zvogëlojnë koston e menaxhimit, ofrojnë kontrollë të shpërndarjes si dhe ofronë siguri në rrjet

Listat e Kontrollit të Qasjes (*Access Control Lists*)

Është e nrëndësishmë të theksohet se Listat e Kontrollit të Qasjes brenda kampusi nuk ndikojnë në rrjetin e përgjithshëm apo edhe në internet.

Implementimi I Listave të Kontrollit të Qasjes në Ruter

```
--E0 in--
router(config)# access-list 101 permit ip 10.3.48.0 0.0.3.255 any
router(config)# access-list 101 deny ip any any
router(config)# interface e0
router(config-if)# ip access-group 101 in

--E0 out--
router(config)# access-list 102 permit tcp any any EQ 80
router(config)# access-list 102 permit tcp any any EQ 25
```

```
router(config)# access-list 102 permit tcp any any EQ 53
router(config)# access-list 102 permit udp any any EQ 53
router(config)# access-list 102 deny ip 10.3.0.0 0.0.255.255
router(config)# access-list 102 permit ip any any
router(config)# interface e0
router(config-if)# ip access-group 102 out


--E1 in--
router(config)# access-list 103 permit ip 10.3.52.0 0.0.3.255 any
router(config)# access-list 103 permit ip 10.3.56.0 0.0.3.255 any
router(config)# access-list 103 permit ip 10.3.60.0 0.0.3.255 any
router(config)# interface e1
router(config-if)# ip access-group 103 in
```

Efekti I ACL në rrjetin e kampusit

Qëllimi I ACL

- Vetëm porti për ëeb me numër 80 mund të ketë qasje nga VLAN për studentë

- Vetëm porti për DNS me numër 53 mund të ketë qasje nga VLAN për studentë VLAN

- Vetëm porti për ëeb me numër 110 mund të ketë qasje nga VLAN për studentë

- VLAN për student nuk duhet të ketë qasje në administrimin e serverit apo të fajllave

- Cdo trafik që tenton të qaset në LAN nga IP e rrjetit 10.0.0.0 duhet të bllokohet

- Cdo trafik që del nga VLAN i studentet që nuk është IP valide e atij VLAN duhet të bllokohet

- Cdo trafik që del nga VLAN Administrues dhe që nuk është IP valide atij VLAN duhet të bllokohet

Objektivat e mësimit

- ACL përdorën për të implementuar procedurat r sigurisë/qasjes
- ACL ëprdoren për të kontrolluar dhe menaxhuar trafikun
- Disa protokole lejojnë dy ACL në një interface: një si të jashtëm dhe një sit ë brendshëm
- ACL përdorin fjalën blloko në cdo fund të fjalisë
- ACL janë të definuara për cdo protocol të rutuar (*routed protocol*)
- Ekzistojnë dy lloje të ACL: standard dhe të vazhduara

EIGRP

Rrjetet që do të funksionojnë brenda kampusit

Rrjetet që do të funksionojnë brenda kampusit janë:

- 10.3.48.0/23 – Rrjeti Administrativ
- 10.3.50.0/23 – Rrjeti Administativ
- 10.3.52.0/23 – Rrjeti I studentëve
- 10.3.54.0/23 – Rrjeti I studentëve
- 10.3.56.0/23 – Rrjeti I studentëve
- 10.3.58.0/23 – Rrjeti I studentëve
- 10.3.60.0/23 – Rrjeti I studentëve

EIGRP Numri I sistemit autonom

Numri I sistemit autonom për rrjetin e kampusit është 100

Komanda për konfigurimin e Protokolit EIGRP është si në vijim

```
router> enable
router# configure terminal
router(config)# router eigrp 100
router(config-router)# network 10.3.48.0
router(config-router)# network 10.3.50.0
router(config-router)# network 10.3.52.0
router(config-router)# network 10.3.54.0
router(config-router)# network 10.3.56.0
router(config-router)# network 10.3.58.0
router(config-router)# network 10.3.60.0
router(config-router)# exit
router(config)# exit
router# copy running-config startup-config
router# exit
router>
```

IPX

Ndikimet e trafikut IPX në rrjetin LAN dhe WAN

- E rrit shpëndarjen e trafikut nëpër LAN
- Rrjedhje më të amdhe në ruter përshkak të rutimit IPX

```
router(config)# ipx routing
router(config-router)# ipx maximum-paths 2
router(config-router)# int e0
router(config-if)# ipx network 0A033000
router(config-if)# no shut
router(config-if)# exit

router(config)# int e1

router(config-if)# ipx network 0A033000
router(config-if)# no shut
router(config-if)# exit
```

router(config)# int s0
router(config-if)# ipx network 0A033000
router(config-if)# no shut
router(config-if)# exit

Redundanca

Lidhja Rezervë

Do të vendoset një lidhje rezerver ndërmjet kampusti univerzitar dhe internetit përmes një lidhje me teknologji ISDN. Lidhja do të jetë aktive edhe nëse lidhjet tjera do të dështojnë, në mënyrë që studentët dhe stafi të mos hasin në vështirë duke ju qasur shërbimeve.

Redundanca Harduerike

Ruterët kryesorë do të pasjien edhe me stabilizues elektrik dhe energji rezervë për UPS për të ofruar gatishmërinë maksimale.

Konfigurimi I protokolit PPP
router> enable
router# configure terminal
router(config)# interface serial 0
router(config-if)# ip address 10.4.3.29 255.255.255.252
router(config-if)# username Royalpalms passëord cisco
router(config-if)# encapsulation ppp
router(config-if)# ppp authentication pap
router(config-if)# ppp pap sent-username Sunnyslope passëord cisco
router(config-if)# no shutdoën
router(config-if)# exit
router(config)# exit
router#

Objektivat e Mësimit

- Point-to-Point Protocol (PPP) është protkoli me I përdorur në rrjetat WAN
- Duke ofruar Protokolin për kontrollin e lidhjeve (*Link Control Protocol*) si dh Protokolin për kontrollin e Rrjetit (*Network Control Protocol*), PPP gjeneron të gjitha të metat dhe defektet e koneksionit në internet
- Sesioni I lidhjes përmes PPP ka katër faza:
    - Ndërtimi I lidhjes
    - Caktimi I kualitetit të lidhjes
    - Konfigurimi I protokolit në rrjet
    - Ndërprerja e lidhjes
- Në protokolin PPP authetikimi bëhet në dy mënyrë: PAP dhe CHAP

Konfigurimi i ISDN

```
router> enable
router# configure terminal
router(config)# username Royalpalm passëord cisco
router(config)# isdn switch-type basic-5ess
router(config)# dialer-list 1 protocol ip permit
router(config)# interface bri 0
router(config)# ip address 10.4.3.34 255.255.255.252
router(config-if)# encapsulation ppp
router(config-if)# isdn spid1 415988488201 9884882
router(config-if)# isdn spid2 415988488302 9884883
router(config-if)# ppp authentication chap
router(config-if)# dialer idle-timeout 300
router(config-if)# dialer map ip 10.4.3.33 name Router 11111
router(config-if)# dialer-group 1
router(config)# ip route 10.4.3.28 255.255.255.252 10.4.3.33
```

router(config-if)# no shutdoën
router(config-if)# exit

Konluzionet

Edhe gjatë punimit, disa here kemi thënë se rrjetet kompjuterike janë të gjëra, dhe duke pasur paraysh këtë fakt rëndësia e sigurisë është e lartë. Ne vazhdimisht kemi treguar për mënyra se si të mbrohemi, apo të krijojmë politikat e sigurisë brenda organizatës/kompanisë. Jo gjithherë këto politika mund të jëne efikase në mbrojtje. Duhet të kemi paraysh se nganjëherë do të na duhet që të bëjmë ndërhyrje të shpejta në sistem (*quick fix*) për të parandaluar ndonjë dëmtim më të madhë brenda sistemit.

Krijimi I infrastrukturës harduerike dhe softuerike si dhe zhvillimi I mire I politikave të sigurisë brenda një organizatë apo kompanie, ndihmon shumë në mbrojtje të sukseshme të rrjetit kompjuterik.

Siguria e rrjeteve kompjuterike duhet te jetë e bazuar në nivelin e qasjes që I jepet përdoruesit. Përdoruesi gjtihmonë duhet të jetë I monitoruar në shfrytëzimin e nivelit të qasjes, për të mos dhënë qasje të tepruar të cilën më pastaj do të mund ta keqpërdorte. Listat e kontrollit të qasjes janë një metodë e mirë e cila ndihmon në limitin e shfrytëzuesve gjatë përdorimit të sistemit kompjuterike. Çdo kompani duhet të ketë kujdes nga sulmet të cilat mund të ndodhin nga brenda dhe nga jashtë por që rëndësia e sulmit është e njejtë.

Vite më parë, vetëm një aplikacion I mbrojtjes (*firewall*) ka kryer punë të mjaftueshmë në mborjtje të sistemit. Tani aplikacioniet e ndryshme rrespektivisht protokolet e shtresës së aplikacioneve siq janë, Spam, Spyëare, Trojan etj po shkaktojnë problem të paparashikueshme në rrjeta kompjuterike.

Për të detektuar dhe gjetur këto kërcënime, nevojiten sistem të reja të sigurisë. Këto sisteme që ndryshe njihet edhe si kontrollues të thelle të paketave, ndihmojnë në parandalimin e sulmeve të paparashikueshme me të cilat përballen administratorët e rrjeteve.

Programet e ndryshme financiare të kompanive janë dita e ditës e më shumë po bëhen aplikacione të rrjetit përmes të cilave qasja mundt bëhëhet edhe na larg (*remote access control*). Kjo ka shtyrë që kompanitë ti kushtojnë një vëmendjë te veqantë sigurisë së rrjetit për ti mbrojtur të dhënat e tyre nga dëmtimi, vjedhja apo edhe qasja e paautorizuar,

www.ingramcontent.com/pod-product-compliance
Lightning Source LLC
Chambersburg PA
CBHW060402190526
45169CB00002B/710